生きものたちのスゴ技図鑑

ちょっと変な仲間編

個性あふれる112の動物たち

監修 村田浩一
著 ベン・ホアー
絵 アジア・オーランド
訳 水野裕紀子

DK

さ・え・ら書房

Original Title: Odd Animals Out
Text copyright © Ben Hoare 2023
Illustrations © Asia Orlando 2023
Copyright in the layouts and design of
the Work shall be vested in the Publisher.
Dorling Kindersley Limited
DK, a Division of Penguin Random House LLC

Japanese translation rights arranged with
Dorling Kindersley Limited, London
through Fortuna Co., Ltd. Tokyo.

For sale in Japanese territory only.

Printed and bound in China

www.dk.com

生きものたちのスゴ技図鑑
ちょっと変な仲間編

2024年10月　第1刷発行

監　修　　村田 浩一
著　　　　ベン・ホアー
絵　　　　アジア・オーランド
訳　　　　水野 裕紀子
発行者　　佐藤 洋司
発行所　　さ・え・ら書房
　　　　　東京都新宿区市谷砂土原町3-1 〒162-0842
　　　　　TEL 03-3268-4261
　　　　　FAX 03-3268-4262
　　　　　www.saela.co.jp

日本語版デザイン　安東 由紀
Japanese text copyright © Yukiko Mizuno 2024
ISBN978-4-378-02533-9
NDC480　　C8645

もくじ | CONTENTS

自然界は、おどろきに満ちている　4

ちょっと変でもいいじゃない！　6
ウミヘビ, ハリモグラ, コモドオオトカゲ, プアーウィルヨタカ, ミノムシ, カニダマシ, イソギンチャク, イッカク

変なところにすむ仲間　8
ウミイグアナ, キンモグラ, カオグロキノボリカンガルー

南の島に、ペンギン!?　10
ガラパゴスペンギン, キマユペンギン (タワキ)

地面の下でひっそりと生きるカエル　12
インドハナガエル, アナホリフクロウ

どんな水でもへっちゃら　14
イリエワニ, オオメジロザメ, バイカルアザラシ

このよろいは身を守るため!?　16
アオイガイ, トゲスッポン, ヒメアルマジロ, ヤドカリ

おとなになったら、何になる？　18
ウーパールーパー, アベコベガエル

体の中に植物を！　20
キボシサンショウウオ, レタスウミウシ, テングモウミウシ

もう1本、指があったら　22
パンダ, アイアイ, アビシニアコロブス

色で目立っています！　24
エボシドリ, シロアメリカグマ

じつは、肉食系なんです　26
ハチ, バッタネズミ, 糞虫, ミヤマオウム

好物は血と骨です　28
ヒゲワシ, チスイコウモリ, 吸血フィンチ

じつは、草食系なんです　30
バギーラ・キプリンギ, ウチワシュモクザメ, トカゲ

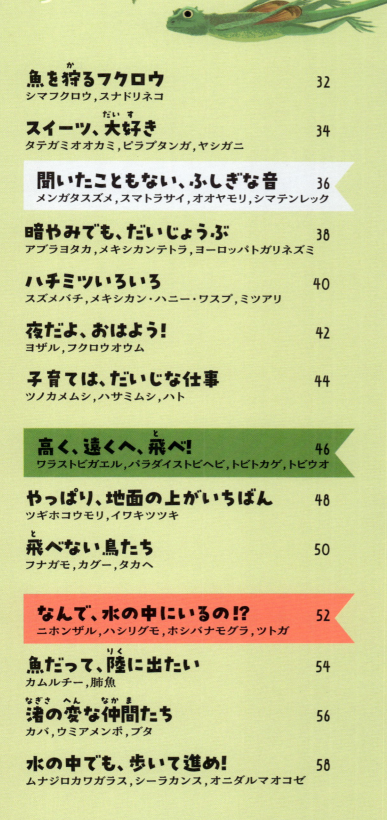

章見出し	ページ
魚を狩るフクロウ シマフクロウ, スナドリネコ	32
スイーツ、大好き タテガミオオカミ, ピラプタンガ, ヤシガニ	34
聞いたこともない、ふしぎな音 メンガタスズメ, スマトラサイ, オオヤモリ, シマテンレック	36
暗やみでも、だいじょうぶ アブラヨタカ, メキシカンテトラ, ヨーロッパトガリネズミ	38
ハチミツいろいろ スズメバチ, メキシカン・ハニー・ワスプ, ミツアリ	40
夜だよ、おはよう! ヨザル, フクロウオウム	42
子育ては、だいじな仕事 ツノカメムシ, ハサミムシ, ハト	44
高く、遠くへ、飛べ! ワラストビガエル, パラダイストビヘビ, トビトカゲ, トビウオ	46
やっぱり、地面の上がいちばん ツギホコウモリ, イワキツツキ	48
飛べない鳥たち フナガモ, カグー, タカヘ	50
なんで、水の中にいるの!? ニホンザル, ハシリグモ, ホシバナモグラ, ツトガ	52
魚だって、陸に出たい カムルチー, 肺魚	54
渚の変な仲間たち カバ, ウミアメンボ, ブタ	56
水の中でも、歩いて進め! ムナジロカワガラス, シーラカンス, オニダルマオコゼ	58
ちょっと変だけど、ふたりは友だち テッポウエビ, ハゼ, カワセミ, シロアリ, ムカシトカゲ	60
ナマケモノとガのふしぎな関係 ミユビナマケモノ, ナマケモノガ, フジツボ	62
ネズミの女王さま ハダカデバネズミ, ライオン	64
おそうじ、おねがいします ドットハミングフロッグ, タランチュラ, アメリカオオコノハズク, テキサスホソメクラヘビ	66
もはや、寄生どころじゃない ウオノエ, ダルマザメ, ニシオンデンザメ, ヤツメウナギ	68
こら! 食いものどろぼう イソウロウグモ, ベンガルバエ	70
親でなくても、子は育つ カッコウマルハナバチ, チャガシラカモメ, ズグロガモ カッコウナマズ	72
毒で、敵をやっつける カモノハシ, ミカンアシナシイモリ, ジャワスローロリス	74
毒で、わが身を守る ヤドクガエル, ズグロモリモズ	76
さくいん	78
制作協力 | ACKNOWLEDGEMENTS	80

自然界は、おどろきに満ちている

　サメといったら、海のハンターで、魚やアザラシをおそって食べるすがたを思いうかべるでしょう。でも、なんとサメの中には、海草ばかり食べている草食のサメもいます。

　ペンギンといったら、寒い場所で、子どもを守りながら、よちよち歩いているイメージですが、中には、森の中で子育てをするペンギンもいます。

　このように、動物の世界には、ほかの仲間とちょっとちがう「変わりもの」がたくさんいます。変わりものといっても、人間が見てそう思うだけ。みな生きていくために独自のスゴ技を身につけたのです。

　そして、そのユニークなスゴ技の数々は、わたしたちのイメージをうちやぶり、常識をくつがえしてくれます。なんと楽しいことでしょうか！

　今、時代のキーワードは「多様性」です。多様性とは、みなそれぞれがちがっていることを受けいれて、尊重すること。生物の多様性だけでなく、人間の社会でも、多様性を大切にしようという動きが広がっています。
　この本に出てくる動物たちは、この地球で生きのびていくために、長い年月をかけて、その独特なすがたや行動を身につけてきました。さらに、そのめずらしい動物たちも関係しあって、自然界は成り立っているのです。魚が水の中を歩いても、カンガルーが木の上にすんでも、ナマケモノが体にガをすまわせても、トカゲが空を飛んでもいいのです。その多様性こそがまさに、自然の世界そのものなのですから。
　さあ、そんな生きものたちの、おどろくようなくらしぶりとスゴ技の数々を、ページをめくってみてみましょう！

村田浩一

ウミヘビ

変な名前と思うだろうけれど、海にすむヘビがいるのだ。インド洋や太平洋にすむウミヘビの仲間は、泳ぎやすいように平べったい体をしている。なんと、赤ちゃんヘビを海の中に産み落とすものもいる。

カモノハシ

ハリモグラ

ほ乳類なのに、赤ちゃんを産まず、小さな卵を産む動物が5種いる。ハリネズミによく似たハリモグラの仲間4種と、カモノハシだ。みんなオーストラリアにすんでいる。

ちょっと変でもいいじゃない!

動物の分類では、共通点の多い種が「科」というグループにまとめられます。でも、同じ科の中にいても、ほかのみんなとは少し変わった一面を持つ仲間がいます。この本で紹介するのは、そんな「ちょっと変な仲間」たちです。

コモドオオトカゲ

獲物にかみついて毒でしとめるトカゲは、コモドオオトカゲと、アメリカドクトカゲ、メキシコドクトカゲの3種しかいない。コモドオオトカゲのメスは、ごくまれにオスがいなくても卵を産んで、子孫を残すことがある。

アメリカドクトカゲ

メキシコドクトカゲ

プアーウィルヨタカ

冬の間、活動せず、ぐっすり眠るようにして過ごす「冬眠」をする鳥はとてもめずらしい。
世界中でプアーウィルヨタカだけだ。北アメリカにすむこの鳥は、冬眠することによって、寒い冬を生きのびている。

ミノムシ

ミノムシはミノガというガの幼虫だ。その名のとおり、小枝や木の皮、根などでできた「ミノ」の中にかくれている。
おとなのミノガもまた変わっている。ほとんどのメスには羽がなく、脚がないものもいる。

カニダマシとイソギンチャク

まるでスパゲッティーのようなイソギンチャクの細い触手は危険だ。毒針があるから、ほかの生きものは近づかない。でも、カニダマシというヤドカリの一種は、イソギンチャクの毒がへっちゃら。カニダマシにとって、イソギンチャクの触手は安全なかくれ場所なのだ。

イッカク

イッカクは、上あごの門歯が上くちびるからつきでている、めずらしいクジラだ。
長く伸びた1本の牙が、まるで一角獣の角のように見える。オスだけが持つこのふしぎな牙が、何のためにあるのかは、まだわかっていない。

魔法じかけの山

オーストラリアのカプター山には、とてもめずらしいナメクジがいる。山の中でひっそりくらすうちに、体長20cmもの巨大なナメクジに進化した。なぜこんな、はでなピンク色になったのかはなぞだ。山頂は、まわりに敵がいないため、身をかくす必要がなかったからかもしれない。

カプター山のナメクジ
(*Triboniophorous aff. graeffei*)

変なところに
すむ仲間

動物は、種によって、だいたいすむ場所が決まっています。でも中には、ちょっと変わった場所にすむようになり、その環境に適応した動物もいます。海でくらすイグアナや、木の上のカンガルーのように、あっとおどろくような場所にすむ仲間たちです。

ビタミンたっぷりの海

トカゲの仲間で海にすむのはウミイグアナだけだ。熱帯のガラパゴス諸島にすむウミイグアナは、黒い岩の上で太陽の光を浴びて、体温を上げる。
体がじゅうぶんに温まると、キラキラ光る海に飛びこんで、栄養たっぷりの海藻を食べる。水の中で10分以上も息を止めていられるのだ。

ウミイグアナ

変なところにすむ仲間

キンモグラ

砂漠にかがやく黄金色

アフリカの砂漠では、夜になると、ちょっと変わった動物がちょこちょこ走りまわる。キンモグラだ。目はなく、体をおおうやわらかい毛はバターをたっぷりぬったトーストのようにかがやいている。砂の表面のすぐ下を、泳ぐようにスイスイ進む。モグラとよばれているけれど、じつは、テンレック（マダガスカルにすむ小型のほ乳類）やハネジネズミに近い種だ。

カオグロキノボリカンガルー

キノボリカンガルーは、顔が丸くて毛がふさふさ。ぬいぐるみみたいだから、「森のテディベア」とよばれているよ。

森の曲芸師

昔、カンガルーはみんな木の上でくらしていた。なんと、今でもそうしているものがいる！
ニューギニア島やインドネシア、オーストラリア北部の熱帯雨林にすむキノボリカンガルーだ。地上でくらすカンガルーは両足でジャンプするけれど、キノボリカンガルーは足を別々に動かせる。だから木の高いところまで登ることができるのだ。

9

南の島に、ペンギン!?

ペンギンはとてもしんぼう強くて、たくましい鳥です。こごえるような寒さと、何日もつづく吹雪にたえなければならないのですから。でも、中には、ちょっと変なペンギンもいるのです……

とってもトロピカル

南極で繁殖するペンギンは、じつは4～5種だけだ。そのほかのペンギンも、南半球の冷たい海のそばでくらしている。ところが、1種だけ、熱帯の太陽の下、キラキラ光る青い海を泳ぐペンギンがいる！ 赤道のすぐ近く、太平洋に浮かぶガラパゴス諸島にすむ、その名もガラパゴスペンギンだ。
ガラパゴス諸島には、ほかにもゾウガメやウミイグアナ、フラミンゴなどのめずらしい動物がたくさんいる。

だいじなのは暑さ対策

寒いところにすむペンギンは、体を温かくする必要があるけれど、ガラパゴスペンギンは、逆に温まりすぎないようにしないといけない。だから、ほかのペンギンにくらべると、体の熱がにげるのを防ぐ脂肪も、羽も少ない。犬みたいに口を開けて「ハッハッ」と短く息をするのも、体温を下げる技だ！

ガラパゴスペンギン

南の島に、ペンギン!?

森の中に、ペンギン!?

森の中をよちよち歩くペンギン？
そんなペンギンが、本当にいるのだ。
目の上の黄色い模様が特徴のキマユペンギンは、ニュージーランド南島の沿岸で、古い大木の根がからまり合う森の中に巣をつくる。
この温帯雨林とよばれる貴重な環境は、とても雨が多いけれど、熱帯雨林よりもずっとすずしい。安全で、子育てにはもってこいだ。

地元の人に「タワキ」とよばれ親しまれているキマユペンギンは、絶滅の危機にある。繁殖能力のあるものは、もう2500〜3000組しか残っていないといわれているよ。でも、繁殖地の森は遠くはなれた場所にあるから、たしかな数はわからないんだ。

キマユペンギン
（タワキ）

ふたりきりで

ペンギンのコロニー（集団繁殖地）の場所は、遠くからでもニオイと音でわかる。ものすごい数のペンギンが集まるので、とてもくさくて、ケンカをしたり、「アーアー」と声を出したりとにぎやかだ。でも、おとなしくて、はずかしがりやのキマユペンギンは、コロニーをつくらない。ペアになると、ほかのペアからはなれた場所に巣をつくってすごすのを好む。

11

地面の下で
ひっそりと生きるカエル

インドハナガエル

科学者たちは、ときどき、あっとおどろくような生きものに出会うことがあります。この紫色のモグラのようなインドハナガエルも、そんな生きもののひとつ。
昔は、地元の人たちにしか知られていませんでした。

紫色の変な生きもの

インド西部の西ガーツ山脈は、ヒマラヤ山脈よりもずっと古くからある。だから、地球上でここにしかいないような、めずらしい動物がたくさんすんでいる。
なかでも、一番の変わりものは、このインドハナガエルだろう。このずんぐりむっくりとしたカエルは、じめじめした土の中でくらし、繁殖のときにしか外に出てこない。

これはインドハナガエルのメス。体はなんとオスの3倍くらい大きいんだよ。

その年はじめての大雨。
そのあと、オスはメスを「地上においで」とよびだすよ。

メスは、押しつぶしたテニスボールくらいの大きさだ。体の小さいオスは、メスの上に、ちょこんと乗っかるよ。

12

地面の下でひっそりと生きるカエル

土の中でのくらし

インドハナガエルが変わっているのは、色だけじゃない。まず、体が平べったくてずんぐりしている。そして頭の大きさが、体にくらべてとても小さい。太くて短い前足は力が強く、穴をほるには便利だけれど、ぷよぷよしたおなかを持ち上げることはできない。ブタみたいにつきでた鼻は、土の中で、獲物となるシロアリのニオイをかぎわけるのに役に立つ。

今夜は一大イベント

大雨が降るインドの雨期。雨で小川の水位があがり、流れが速くなると、インドハナガエルは繁殖のときをむかえる。
オスとメスはひと晩だけ地上に出てきて、川で交尾をすると、また地中にもどる。
オタマジャクシは口を使って岩に吸いつくので、滝のようにはげしい流れの中でも流されない。

アナホリフクロウ

このフクロウは、何から何まで常識やぶり！
夜だけでなく昼も活動するし、足が長いから走るのが得意。そのうえ、巣は地面につくる。平らな砂地にすんでいるから、巣穴をほるのはかんたんなのに、リクガメやプレーリードッグがほった古い巣穴をわざわざ直して使う。

交尾のあと、メスは川で数千個の卵を産むよ。　→　そして、オスもメスも地中にもどる。次に出てくるのは、また１年後だよ。

13

どんな水でも へっちゃら

同じ水でも、淡水と海水はまったくちがいます。どうちがうのか。それは、口いっぱいの海水をゴクリと飲みこんだことのある人に聞けばわかります！ 動物は、体のつくりから、淡水か海水のどちらかひとつに適応するものなので、両方にすめるものは、ほとんどいないのですが……

巨大ワニは恐竜の親せき

太古の海には、とても大きい、は虫類がたくさんすんでいた。なんと体長がバスと同じくらいの、巨大なワニもいた。みんな、恐竜と同じように絶滅してしまったけれど、その子孫のイリエワニは、今でも太平洋の南東の海域でくらしている。イリエワニは世界最大のは虫類で、体の大きなオスは、鼻先からしっぽの先まで5m以上もある。

イリエワニ

しょっぱくても、だいじょうぶ

オーストラリアで親しみをこめて「ソルティ」（しょっぱいの意味）とよばれるイリエワニは、海岸の入り江でも、川や沼地でもくらすことができる。海を泳いでいるところも目撃されている。海と淡水域の間を行き来すると、体内の塩分バランスが乱れるので、ふつうの動物には危険だ。でもソルティは、大きな舌にある腺から、よぶんな塩分を外に出すことができる。

どんな水でもへっちゃら

川にサメがやってくる!

どっしりとして力強いオオメジロザメ（ウシザメ）は、人食いザメとしておそれられるホホジロザメに近い種だ。淡水でも海水でも生きられるサメはオオメジロザメしかいない。浅瀬も、にごった水も気にせずに、海から河口へ、そしてさらに川の上流へと泳いでいくのはなぜなのか、ずっと科学者たちを悩ませてきた。今では、食べものを手に入れたり、繁殖したりするためだろうと考えられている。

オオメジロザメは、ペルーのアマゾン川を3700kmもさかのぼったところで目撃されているよ。中央アメリカでは、湖に入りこむこともある!

オオメジロザメ

バイカルアザラシ

アザラシは海でくらす生きものだが、ロシアには、海から1000km以上はなれた場所にすむ野生のアザラシがいる。その場所はバイカル湖。地球の表面にある淡水の5分の1以上をたくわえる、地球上でもっとも深く、もっとも古い湖だ。昔は、バイカルアザラシの祖先は海にすんでいたが、いつしか川をのぼり、湖にやってきたのだろう。

アオイガイの仲間

貝がらの浮きぶくろ

アオイガイは貝ではなく、タコの仲間だ。そのすがたは、タコとしてはとてもユニーク。ふつうのタコは、やわらかい体がむき出しだけれど、アオイガイのメスは、ティッシュペーパーのようにうすい、うず巻き状の貝がらを背負っている。卵は、この美しい貝がらの中に産む。そして、貝がらの中に空気をためて、海の水面近くをゆらゆらとただよいながらくらしている。

このよろいは身を守るため⁉

動物は何百万年、何千万年という長い時間をかけて、生き残るためにまわりの環境に適応して変化してきました。どの動物も、そのおどろくべき力によって、今のすがたになったのです。たとえば、巻貝やカメを見たら、だれでもかたくてじょうぶな殻や甲羅に目がいくでしょう。でもじつは、殻や甲羅は「よろい」の役割だけではありません……

トゲスッポン

甲羅のようだけど、やわらかい

カメの甲羅は、角のような物質でおおわれている。体を守るにはもってこいだけど、皮ふ呼吸はできない。だから昔、甲羅をなくしたカメもいる。
やわらかくてなめらかな皮ふを、甲羅のように背負うスッポンは、その皮ふを通して、水の中でも呼吸ができる。そのうえ、とがった口からも、なんとおしりからも、呼吸ができるのだ！

このよろいは身を守るため!?

背中にクーラー

ヒメアルマジロを見まちがえることはない。ピンク色の甲羅を背負った動物なんて、ほかにいないからだ。この甲羅にはエビの殻のように節がたくさんあって、自由に曲がる。ほかのアルマジロとちがい、甲羅は身を守るためのものではない。体長は10cmほどで、熱い砂地にすむヒメアルマジロは、体温が上がりすぎないように、甲羅に血液を流し入れて、体を冷やしている。

ヒメアルマジロ

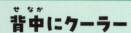

ヤドカリ

どの貝がらがいいかな

ヤドカリは、巻貝などの貝がらを借りる。
巻貝が死ぬと空っぽの貝がらが残るので、ヤドカリはちょうどいい大きさのものをさがして、中に入りこむ。そしてきゅうくつになったら、そこからはい出して、もっと大きな貝がらをさがすのだ。

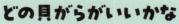

おとなになったら、何になる？

両生類は、成長とともにすがたを変えます。子どもとおとなでは、そのすがただけでなく、生きる場所も変わります。生まれたときは淡水の中。おとなになると地上に出て、ぴょんぴょんはねたり、よたよた歩いたり、地面をはいまわったりします。このふしぎな体の変化を「変態」といいます。でもほら、ここにも変わりものが……

見た目からして、変わっている

サンショウウオは両生類だけど、尾が長いのでトカゲとまちがえられることが多い。ウーパールーパーこと、メキシコの1つの湖だけにすむメキシコサンショウウオは、いっぷう変わっている。ほかのサンショウウオみたいに、おとなになると湖から出て森や沼でくらすと思ったら、おおまちがい。ずんぐりした足で泥の上をずるずる歩きながら、一生を湖の中ですごす。

ウーパールーパー

ウーパールーパーは、いつもニヤニヤしている。でも口がこんな形をしているのは、ミミズなどを食べるためなんだって！

不死身のウーパールーパー

動物は、ケガがもとで死んでしまうことがある。でもウーパールーパーは、ちぎれたり傷ついたりした体の部分が、かんたんに再生する。新しい足も、新しいしっぽも生えてくるし、目や、えら、肺、それに脳の一部まで、再生できるのだ。あらたにできた体の部分は、まるで何ごともなかったかのように機能する。

おとなになったら、何になる？

アベコベガエル

おとなはふつう、子どもよりも体が大きい。でも、南アメリカにすむアベコベガエルはちがう。生まれたばかりのオタマジャクシは、ふつうのオタマジャクシと変わらないが、どんどん大きくなって……25cmにもなる！
でも、カエルになると、3分の1以下の大きさになってしまうのだ！

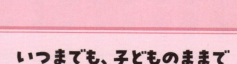

卵

子ども

子ども（足が2本）

おとな

いつまでも、子どものままで

両生類は、おとなになるとすがたが変わる。けれど、ウーパールーパーは、おとなになっても、ほぼ子どものすがたのままだ。
水中に産みつけられたゼリー状の卵からかえるのは、ほかの両生類と同じだ。顔の左右でヒラヒラしているのは、水中で呼吸するために必要な6つの「えら」で、おとなに成長してもそのままだ。変わるのは、足が生えてくることだけ。ウーパールーパーは、10～15年の一生を子どものすがたのまますごす。

どうして色がちがうの？

ほとんどのウーパールーパーは、うすいピンク色をしている。これは、人が水槽で飼育し、繁殖させたウーパールーパーだからだ。野生のウーパールーパーは、水草の多い湖の中で身をかくしやすいように、灰色がかった緑色の体に黒い点々もようがある。ウーパールーパーは絶滅の危機にあり、今では、メキシコの湖にすむ色の濃いものよりも、ピンク色のものの方がずっと数が多い。

野生のウーパールーパー

19

キボシサンショウウオ

動物が光合成？

植物には光合成をする葉緑素があるけれど、動物にはない。でも、もし葉緑素をほかの生きものからもらえたらどうだろう？ キボシサンショウウオは、なんと体の中に光合成をする植物がすめるようにして、その植物から栄養をわけてもらっているのだ。海のサンゴも、同じようなことをする。でも、脊椎動物ではキボシサンショウウオだけだ。

体の中に植物を！

植物が生きられるのは、太陽の光のおかげ。植物は、太陽の光を使って、光合成という化学反応をおこない、栄養をつくるからです。そして、この植物の力をうまく利用している動物もいます。

小さなお客さま

そもそも、キボシサンショウウオは、どうやって植物を体に取りこむのだろう？ メスは春になると、池にゼリー状の卵を産む。池の水は藻類という藻のような小さな植物(*)でいっぱいだ。藻類はキボシサンショウウオの卵の細胞に入りこみ、卵はあざやかな緑色になる！ 藻類は小さくても、だいじなお客さま。子どもの体の中にも、ずっとすみつづけてくれる。

*藻類は植物に分類されないこともある。

体の中に植物を！

海岸で光合成

海辺にいるウミウシは巻貝の仲間。ウミウシの中には、藻類を食べて、自分で光合成をするものがいる。色とりどりの種がいるけれど、光合成をするウミウシはみんな緑色をしていて、毛むくじゃらだったり、平べったい葉っぱのような形をしている。体の表面の面積が増え、太陽の光をたくさん吸収できて、光合成がさかんになるからだ。そして、触角という角のような形をした感覚器官を使って、おいしい藻類をさがす。

テングモウミウシは、卵をうず巻き模様に産みつける。うずの向きは、たいてい反時計回りだよ。

レタスウミウシ

ヒツジに似てる？

テングモウミウシは、そのすがたから、英語では「葉っぱのヒツジ」とよばれる。本物のヒツジがいつでも草を食んでいるように、このウミウシは藻類を食べる。でも、ぜんぶは消化せずに、葉緑素をふくむ葉緑体を自分の体の組織に取りこむ。そうして、自分も光合成をするのだ。ちゃっかりしている！

テングモウミウシは浅い海でしか生きられないんだ。太陽光がたっぷり必要だからね。

テングモウミウシ

21

パンダ

パンダの「第6の指」?

パンダは、前足で竹をつかみ、むしゃむしゃ食べている。でも、クマの仲間は、前足でじょうずに物をつかめないはず。いったいどういうことだろう?

人間やサルの仲間が物をつかめるのは、親指が、ほかの指の方に向かって曲がるからだ。パンダは、ほかのクマの仲間とはちがって、前足におまけの指、つまり「第6の指」があるから、物がつかめるのだといわれている。

「第6の指」のヒミツ

パンダの「おまけの指」には秘密がある。じつは、本物の指ではなく、手首の骨がもり上がっているのだ。人間の親指のように、くるくる動かせないけれど、このじょうぶな「ニセの親指」は竹をにぎるのに役立つ。だから毎日、体重の半分くらいの量の竹を食べることができる。竹にはあまり栄養がないから、パンダはたくさん食べなくてはいけない!

もう1本、指があったら

わたしたち人間は、親指とほかの4本の指を器用に使って、さまざまなことをしています。でも、指の数や、長さがちがっても、いろいろと便利なことをしている動物たちがいるようです。

ヒグマ　　パンダ

22

もう1本、指があったら

アイアイの「悪魔の指」?

アイアイは、何から何まで、めずらしさにあふれた、ほ乳類だ。とくに指は、かなり独特な形をしている。中指と薬指が針金のように細長く、信じられないくらいよく曲がる。

アイアイは、その指で木の幹をトントンたたき、甲虫の幼虫が樹皮の下にほったトンネルのありかを聞きわける。そして、指を使って幼虫をつつきだし、食べるのだ。

アイアイ

こう見えてもアイアイはサルの仲間。マダガスカルにすむキツネザルに近い種だよ。

ヒミツの親指があった!

アイアイは、しばしば科学者をおどろかせる。2019年、アイアイの手のひらのはしに、もう1つ小さな親指があることがわかった。

この秘密の親指には、骨と軟骨（人間の鼻の先っぽのような、やわらかい組織）がある。ほかの指は細くて、木をつかむのに向かないけれど、この親指のおかげで、アイアイはしっかりと木をつかむことができる。

親指

ニセの親指

アビシニアコロブス

親指があると不便なこともある。サルが木から木へと飛びわたっていくときには、かえって親指はじゃまになるだろう。

アフリカにすむアビシニアコロブスというサルは、親指を使わない。親指は、どこにあるかわからないほど小さい。4本の指をじょうずに枝に引っかけて、森の中をスイスイ移動するのだ。

23

色で
目立っています!

鳥は目立つのが大好き。あざやかな色の羽を見せびらかして、恋の相手をさそったり、危険を知らせたりします。でも、なぜ羽があんな色をしているのか、考えたことはありますか?
じつは、おどろきの理由がかくされています。

緑色はわたしだけ

緑色の鳥は、世界中をさがしてもエボシドリしかいない。インコのように、緑色に見える鳥は、ほかにもいるけれど、本当は緑色をしていない。それらの鳥の羽には緑色の色素はなく、光の反射のしかたで緑色に見えるだけなのだ。

自然から生まれる美しい色

鳥の羽の色は、たいていは羽にふくまれる「色素」の色だ。自然界には色素がたくさんある。鳥の色素は、自分でつくるものもあれば、食べものの色の場合もある。たとえばフラミンゴがピンク色なのは、ピンク色の色素を持つエビや藻類を食べるからだ。
アフリカの森にすむエボシドリは、ハトと同じくらいの大きさの鳥で、緑色のめずらしい色素を持っている。緑色の元になる物質は銅だ。

赤色は危険のサイン

エボシドリが森の中で枝にとまっていると、まわりの緑にとけこんで目立たない。でも飛びたつと、パッと広げた翼の内側は、目もくらむようなあざやかな赤色だ。きっと、この赤色は仲間への合図なのだろう。近くに敵がいるときに、「すぐにげろ」と知らせるのだ。

昔の人は、エボシドリの色は雨で流れ落ちてしまうと信じていたんだって！

銅から生まれる緑色

エボシドリが好きな木の実や若い葉には、銅がたくさんふくまれている。銅は体に吸収されて、2つのめずらしい色素になる。1つはツラコバジンという緑色の羽の色素。もう1つはツラシンという赤い羽の色素だ。

新鮮な木の実や葉を食べれば食べるほど、羽の色はあざやかになる。

色で目立っています！

ウォーターベリー
（フトモモ科の植物）

エボシドリ

シロアメリカグマ

ほとんどのアメリカグマは毛の色が黒いが、中にはホッキョクグマのようにクリーム色をしたものがいる。シロアメリカグマとよばれるこのクマは、色素を持たない「アルビノ」ではない。遺伝子のはたらきによって、ときどきこのような神秘的な色のクマが生まれるのだ。今、生存しているシロアメリカグマは数百頭だけで、カナダ西岸の温帯雨林「グレート・ベア・レインフォレスト」で見ることができる。

25

じつは、肉食系なんです

同じ「科」の中にいる生きものたちは、だいたい同じようなものを食べます。でも、やはり、食べるものを見ても、ほかのみんなと、ちょっと変わっている仲間はいるものです。
ここでは、ほかの仲間は草食なのに、なぜか肉食になってしまった生きものたちを紹介しましょう。

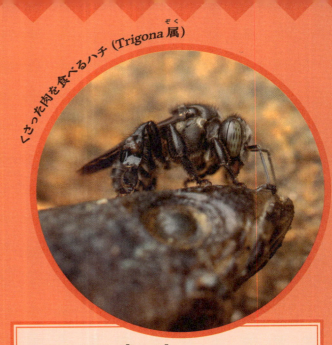

くさった肉を食べるハチ（Trigona 属）

ハチなのに歯を持っている

ハチの多くは、花のミツや花粉を食べものにしている。でも、南アメリカにすむ、この写真のハチは肉食だ。熱帯雨林に咲く花の花粉も食べるけれど、タンパク源は何といっても肉。このハチには歯があって、死んだ動物のくさった肉をかじりとる。そして、肉の切れはしを巣にたくわえて、幼虫に食べさせるのだ。

バッタネズミ

サソリまで食べるネズミ

アメリカとメキシコの砂漠には、世にもおそろしいネズミがいる。バッタネズミだ。すがたこそ、家の中で見かけるネズミと変わらないが、バッタやほかの種類のネズミだけでなく、なんとサソリまで食べてしまう。サソリの毒はバッタネズミにはきかないらしい。また、ネズミなのに、夜になるとオオカミのように遠吠えをして、なわばりを主張する。

肉食の糞虫
(Deltochilum valgum)

おそろしい糞虫

フン、うんち、うんこ、大便、いろんな言い方があるけれど……、とにかく糞虫はこれが大好き！　世界中に何千種類もいる糞虫の仲間は、みんなフンを食べるのに、完全に肉食になっためずらしい糞虫がいる。そのうちの1種で中央アメリカにすむ糞虫は、ヤスデを食べる。ほとんどの肉食の昆虫は、獲物をかみくだくけれど、この糞虫は、のみのような形をした頭を使って、獲物の頭を首から切り落とす！

じつは、肉食系なんです

ミヤマオウム

危険なくちばし

ニュージーランドには、山のてっぺんにすむオウムがいる。地元で「ケア」とよばれている、ミヤマオウムだ。
このオウムは、するどくとがったくちばしを使って、死んだ動物を食べる。死んだヒツジや、車にひかれた動物だけでなく、観光客の食べものをかすめ取ることもある。車のワイパーのゴムをかじり取って遊ぶのも好きらしい。

27

好物は血と骨です

生き血をすすり、骨をバリバリかみくだく——ホラー映画ではなく、自然界の生きものの話です。血や骨は、タンパク質たっぷりの食べもの。気持ち悪いと思うかもしれませんが、血と骨を大の好物にしている動物たちもいます……

骨の髄まで、いただきます

ハゲワシの仲間は自然界のそうじ屋だ。動物の死がいに群がって、食べあさり、あとかたもなくかたづけてしまう。
ヒゲワシはハゲワシの仲間だけれど、ほかのハゲワシとちがって、肉よりも骨の方が好きだ。それも、太いほどいい。得意技は、太い骨をくわえて、空高く舞いあがり、岩の上に落とすこと。そうすると、骨がくだけて、栄養満点の骨髄が出てくるのだ。

ヒゲワシ

好物は血と骨です

チスイコウモリ

世界でただ1種、血だけを食べものにして生きているほ乳類がいる。南アメリカにすむ、その名もチスイコウモリだ。チスイコウモリは、シカやウマ、野生のブタなどの獲物を見つけると、カミソリのようにするどい門歯で、体の毛を少しだけそり落とす。それから肉に傷をつけて、出てきた血をなめとるのだ。あわだったただ液には、痛みを感じない成分がふくまれていて、血を吸われている動物は何も感じない。しかも、血がずっと流れつづけるように、血が固まらないようにする成分もふくまれている。おそろしい……

吸血フィンチ
(*Geospiza septentrionalis*)

1羽のカツオドリに、6羽ものフィンチが群がり、血を吸うこともある。でもカツオドリはへいきみたい。びっくりだね！

アカアシカツオドリ

お客様の血を、いただきます

ガラパゴス諸島のウォルフ島は、ほかの島々から遠くはなれた火山島だ。この岩だらけの乾燥した島には、血を食べものにするガラパゴスフィンチがいる。島にフィンチの食べものはあまりないから、ここで巣をつくる海鳥のカツオドリは、フィンチにとってはありがたいお客様だ。そのお客様の羽をつついて、血が流れ出たら、おなかいっぱいになるまで飲む。

29

世界でわたしだけ

世界には5万種以上のクモがいる。陸地ならどこにでもいるし、水の中にすむものもいる。毎年、新種のクモが発見されるけれど、今のところ草食のクモは1種しか見つかっていない。

茶色と緑色の小さなクモで、学名をバギーラ・キプリンギという。英語の名前も日本語の名前も、まだついていない。

バギーラ・キプリンギ
(*Bagheera kiplingi*)

じつは、草食系なんです

クモとサメは、肉食系の代表的な生きもの。どちらも、すばやい動きで、あらあらしく、獲物をつかまえることで知られています。でも、中には、草や木などの植物も食べるクモやサメがいるのです。

木をめぐる、ふくざつな関係

バギーラ・キプリンギはアカシアの木にすみ、トゲだらけの小枝にできる小さなこぶを食べる。このこぶには、脂肪とタンパク質がたっぷりふくまれている。じつは、このこぶは、アカシアの木が、自分を守ってくれるアリの食べものとしてつくるもの。このクモは、それを横取りしているのだ。そして、少しはなれた葉や枝に巣をつくり、アリに気づかれないようにしている。でも、にげているばかりじゃない。ときどき、アリの幼虫をつまみ食いすることもあるという。

(『食われてたまるか編』p70-71)

30

じつは、草食系なんです

草食のサメ！

草食のサメなんているわけない！なんて言えたのは、2007年までのこと。その年、海洋生物学者たちは、ウチワシュモクザメのおなかの中に海草（海に生える植物）を見つけた。
さらに研究を進めると、このサメは、たまたま少し食べてしまったのではなく、海草を自分からもりもり食べていることがわかった。

腸

じつは、体は肉食系

草食動物は、そのための特別な消化器官を必要とする。たとえば、ウシの胃は4つの部屋にわかれて、うまく消化できるようになっている。
ウチワシュモクザメの消化器官は、肉食のサメと変わらない。つまり、植物を消化する体のつくりになっていないのだ。おそらく、腸内にいる細菌の力を借りているのだろう。

花粉を運ぶトカゲ

花粉を運ぶ生きものとして、昆虫や、鳥、コウモリがよく知られている。では、は虫類はどうだろう？じつは、南アフリカに花粉を運ぶトカゲがいる。まだ日本名をもたない、このトカゲ（学名：*Pseudocordylus subviridis*）が、小さな緑色の花のミツを吸うと、鼻のまわりに花粉がたくさんくっついて、花粉は別の場所へ運ばれるのだ。

ウチワシュモクザメはシュモクザメの仲間。シュモクザメの仲間としては小さく、全長1.2mほどだよ。

ウチワシュモクザメ

シマフクロウは、春になるとカエルをおそう。繁殖にいそがしいカエルは、つかまえるのがかんたんだし、たまには、サケじゃないものも食べたいからね。

世界最大級のフクロウ
シマフクロウは、頭から尾の先までの大きさは、よちよち歩きの人間の赤ちゃんくらいだが、翼を広げると約180cmにもなる世界最大級のフクロウだ。

魚を狩るフクロウ

ほとんどのフクロウは、ネズミなどの小さな動物を狩りますが、シマフクロウはちがいます。大きくて、毛がふさふさで、頭の羽が耳のように見えるシマフクロウは、サケが大好物なのです。

夜の森のハンター
こごえるように寒い、夜の森。シマフクロウは、川岸や、川の中の岩におりたち、じっと水面を見ながら待つ。そして、銀色にかがやくものが動くのを見つけると、おそいかかり、足であらあらしくサケをつかまえる。たいていのフクロウは音をたてずに飛ぶけれど、シマフクロウはバサバサと音をたてる。でも、獲物は水の中にいるから、近づいてくる音に気づかない。

獲物をねらう

飛びたちおそいかかる！

32

魚を狩るフクロウ

寒さのきびしい森で

シマフクロウはロシア北東部の雪深い森にすんでいる。そこは、クマやオオカミ、トラなどもくらす森だ。絶滅のおそれがあるシマフクロウを見つけるのは、なかなかむずかしいけれど、遠くまでひびく「ブッブボー」という鳴き声を聞けば、どこにいるかわかるかもしれない。シマフクロウは北海道にもすんでいて、昔は神としてあがめられていた。

シマフクロウ

スナドリネコ

ネコは水に入るのがきらい。だから、おなかまでしっかり水につかったネコなんて、なかなか見られるものじゃない。アジアにすむスナドリネコは、少し大きめで、ぶち模様をした、ふつうのネコに見えるだろう。でも、スナドリネコは秘密の武器を持っている。なんと前足の指の間に水かきがあるのだ。夜になると池や沼に入り、魚に飛びついて陸に引きずりあげる。

ぬれてもへっちゃら

フクロウのやわらかい羽はあまり水をはじかないので、たいていのフクロウは水をさけ、雨をきらう。でも、シマフクロウは、体がぬれても気にならないようだ。冷たい川に飛びこんでごちそうをつかまえるし、川の浅いところを歩きまわることもある。足のうらは、トゲのあるウロコのような皮ふでおおわれているから、ツルツルした魚もしっかりつかめる。

みごとにとらえた！

33

スイーツ、大好き

新鮮なくだものをたくさん食べなさいって、よくいわれませんか？
それは、くだものにはエネルギー源となる糖分だけでなく、ビタミンやミネラルも豊富にふくまれているからです。「果実食動物」とよばれる、ほとんど果実しか食べない動物というと、サルや鳥の仲間が思いうかびますが、じつはあまい果実が大好きな、ちょっと意外な動物もいるのです。

果実が好きなオオカミ

タテガミオオカミは、イヌ科の動物の中でいちばん背が高い。足がとても細長く、まるで竹馬に乗っているようだ。なぜ、そんなに背が高いのだろう？それは、南アメリカのサバンナを歩くときに、丈の高い草の上を見わたしやすいからだ。
主食はネズミだけれど、果実も同じくらいよく食べる。あまい果実をこんなに食べるオオカミは、タテガミオオカミだけだ。

タテガミオオカミ

ごちそうのお礼

タテガミオオカミが好きな果実は、ロベイラという木の実だ。丸くて大きい、緑色のトマトのような実で、ブラジルでは「オオカミの果実」とよばれている。
この実がみのると、タテガミオオカミはこの実ばかり食べる。実の中にある種は、フンといっしょに外に出て、はなれた場所で木に育つ。タテガミオオカミはおいしい実のお礼に、ロベイラの種をあちこちに運んでいるのだ。

タテガミオオカミが
フンをする

フンの中の種から芽が出る

あらたな場所に
木が育つ

ピラプタンガ

熱帯雨林を流れるアマゾン川には、いろいろな魚が泳いでいる。いちばん有名なのは肉食のピラニアだ。でも、中には果実を食べる魚もいる。

このピラプタンガという魚は、川の水面近くまでのびる枝に、おいしそうな木の実を見つけると、水の中からジャンプしてかぶりつく。やがて、木の実の中の種はフンといっしょに外に出て、森の中の別の川辺に木が生える。

スイーツ、大好き

ヤシガニ

ヤシガニは、インド洋や太平洋の島々にすむ大きなヤドカリの仲間だ。ココナツが大好物だけれど、鳥をおそって食べることもあるよ！

いたたたたっ！

ココナツは大きい種のように見えるけれど、じつは、かたい殻のあるめずらしい果実だ。ヤシガニは、ココナツを好んで食べる。

子どものときは海で育ち、おとなになると陸にあがるヤシガニは、木にも登れるし、大きなハサミでココナツの殻をくだくのも得意。物をはさむ力は、人間の手よりもはるかに強く、人間のあばら骨もくだいてしまうほどだ。

35

メンガタスズメの仲間

じゃましたら、さわぐよ！

ヨーロッパ南部、アジア、アフリカにすむメンガタスズメは、その名のとおり、背中に人の顔面のような模様がある。
この大型のガは、昼間はかくれていて、何かにじゃまされると「キーキー」と鳴く。空気を吸ったり、はいたりすると、口とのどの間にある器官がクラリネットを吹くようにふるえて、このめずらしい音が出るのだ。

聞いたこともない、ふしぎな音

動物の世界は音であふれています。美しい音もあれば、おかしな音もあるし、中には少しうるさい音も。ときには、聞いたこともないような、ふしぎな音を出す動物に出会うこともあります。

スマトラサイ

その歌声は、もう聞けないかも…

スマトラサイは、鳥のさえずりのようにも、うめき声のようにも聞こえる、ふしぎな声で歌う。ザトウクジラの歌に似ているともいわれるその声は、森の中、はるか遠くまで届くので、仲間とコミュニケーションをとるのに役に立つ。スマトラサイは絶滅の危機にある。歌声でよびかけても、返事をする相手はもうほとんど残っていない。(『何しゃべってるの？編』p16-17)

聞いたこともない、ふしぎな音

オオヤモリ

トッケイ、うるさい！

東南アジアでは、夜になると、おかしな鳴き声がひびきわたる。オオヤモリが、「トッケイ、トッケイ、トッケイ」と鳴いているのだ。鳴き声のとおり「トッケイ」ともよばれる、この夜行性のヤモリは、大きな声でずっと鳴きつづけるので、うるさがられている！

毛をこすり合わせて、音を出すなんてできる？ほ乳類で、こんなふうに音を出すことができるのは、シマテンレックだけ！

毛で音を出す!?

マダガスカルには、見た目も行動もハリネズミによく似たシマテンレックという小型のほ乳類がいる。たくさんの針のようなとがった毛で体がおおわれていて、背中の毛をこすり合わせて、ギシギシきしむような音を出す。そのかん高い音は、人間の耳には聞こえにくいけれど、シマテンレックにはちゃんと聞こえる。

シマテンレック

37

暗やみでも、だいじょうぶ

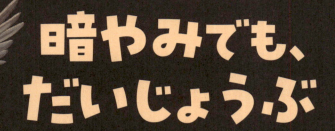

暗いところで動きまわるのは、かんたんではありません。夜行性の動物の目は、夜でもよく見えるようになっていますが、それでも、さすがに真っ暗やみの中では、物が見えないのです。目を使うより、もっといい方法があるのでは……

カチカチッ、よしわかったぞ

夜行性のフクロウでさえも、真っ暗なところではうまく飛べない。それなのに、熱帯雨林の洞くつにすむアブラヨタカという鳥は、物にぶつからずに飛べる。その秘密は、音を使って「見る」ことだ。アブラヨタカのすがたは、ツバメにもフクロウにも似ている。この鳥は、カチッカチッというクリック音を出し、その音がはね返ってくるのを聞いて、物のある場所を知るのだ。

アブラヨタカ

コウモリと同じスゴ技

アブラヨタカの、音のはね返りで位置を知る方法は、コウモリも使う「エコーロケーション」というものだ。コウモリの鳴き声は高すぎて、人間には聞こえないけれど、アブラヨタカの出す低いクリック音は、人間にも聞こえる。
さらにこの鳥は、ほ乳類のヒゲと同じように、くちばしのまわりにあるかたい羽の触覚を使って、近くにあるものを感じとるのだ。

暗やみでも、だいじょうぶ

似てないけど、仲間です

洞くつの中の湖に、あまり魚はすんでいない。でも、メキシカンテトラという魚は、そんな太陽の光がまったく届かないところでくらしている。洞くつにすむメキシカンテトラのすがたは、川や池でくらす仲間とはまったくちがう。なんと目がないのだ！
物が見えなくても、暗い湖の中を泳ぎながら、水流の変化を感じることによって、まわりの様子がわかるといわれている。

このメキシカンテトラのように、洞くつにすむ動物はユウレイみたいに白っぽいものが多いよ。目がなくて、ほんとうにユウレイみたいだ。

メキシカンテトラ

エネルギーは大切に

メキシカンテトラの目玉の穴は空っぽで、入り口はウロコでおおわれている。ちょっと気持ち悪いけれど、目を使わないのにはちゃんと理由があるのだ。目は複雑な器官だから、ちゃんと使えるようにしておくのに、たくさんのエネルギーが必要だ。洞くつの湖には食べものがあまりないから、エネルギーはとてもだいじだ。どうせなら役に立つ器官のために、使った方がいいということだ。

ヨーロッパトガリネズミ

このせわしなく動きまわる小さなほ乳類が、チーチー、チュッチュッと鳴くのは、仲間に合図を送るためだけではない。近いところに物があると、鳴き声がはね返ってくるので、夜でも物にぶつからずに走りまわれるのだ。かんたんにできるエコーロケーションだね。

ハチミツいろいろ

黄金色で、とろっとしていて、あまくて、最高においしいものは？
そう、ハチミツ！ そしてハチミツといえば、ミツバチがつくるもの。
でも、ミツバチ以外の生きものがつくる「ミツ」もあるのです。ほかの
ハチの仲間にも、ハチ以外の昆虫にも、ミツをつくるものがいます。

このスズメバチの仲間は中央アメリカや南アメリカの熱帯雨林にすんでいるよ。スズメバチのハチミツはメープルシロップみたいな味がするんだって！

スズメバチのハチミツ！

スズメバチは、人間をおそう危険なハチだけれど、中にはハチミツをつくるものもいる！ 英語で「ハニー・ワスプ（ハチミツのスズメバチ）」とよばれるこのハチは、花のミツを吸って、巣にもどり、ハチミツをつくる。
このハチミツも、エネルギーのもとになる果糖とブドウ糖がたっぷり。食べものが少ないとき、みんなで食べるためにたくわえておくのだ。

メキシカン・
ハニー・ワスプ
(*Brachygastra mellifica*)

ミツバチ

ちゃんと役に立っています

きらわれもののスズメバチだが、自然界の中で、ちゃんと大切な役割を果たしている。
ハニー・ワスプは、花から花へと飛びまわりながらミツを集めるとき、花の受粉の手伝いをしている。
体には毛がふさふさ生えているので、花粉がつきやすい。スズメバチというよりもミツバチのように見える。

ハチミツいろいろ

紙でできたスイートホーム

ハニー・ワスプはりっぱな巣をつくる。ミツバチは、自分の体から出るミツロウで巣をつくるけれど、このスズメバチは、自分で作った「紙」を使う。木から細かい切れはしをたくさんけずり取って、紙の材料にするのだ。ハサミのようなあごで木の皮をかじり取ると、だ液と混ぜながら細かくかみくだき、木の繊維がどろどろになったものをつくる。それを巣に張りつけると、かわいてかたくなり、うすい灰色の紙になる。

巣の外側をおおうだけでなく、卵や幼虫の個室を区切る壁にも、この紙が使われる。

ハニー・ワスプの巣

巣は、熱帯雨林の高い木の枝にぶら下がっている。

ミツアリ

オーストラリアの砂漠にすむミツアリは、花のミツを巣まで運ぶと、「たくわえ係」のアリにミツをあずける。「たくわえ係」とは、おなかがパンパンになるまでミツを体内にたくわえる係。生きたミツつぼのように、天井からぶらさがっている。
そして、仲間に食べものが必要になると、ミツを口から出してあたえるのだ。なんてやさしい！

夜だよ、おはよう!

夕日がしずんだら、ヨザルの起きる時間。
ほかのサルたちが体をよせ合って眠っているとき、
ヨザルは月明かりの森へ出かけます。

家族のきずな

ヨザルは、サルにしてはめずらしく、1匹のオスと1匹のメスがペアになって、一生をすごす。このペアと、年のちがう子ザルたちが、4匹くらいの小さな家族になってくらしている。
ヨザルは、手足をおしっこでぬらす! そうすると、木から木へ、ニオイのあとを残せるので、なわばりを示すことができるのだ。

フクロウオウム

ニュージーランドにすむフクロウオウムは、数少ない夜行性のオウムで、地元の人には「カカポ」とよばれている。世界一太っていて、世界でただ1種の飛べないオウムでもある。オスたちが1カ所に集まって、メスにアピール合戦をくり広げるオウムもカカポだけ。緑色の羽毛でおおわれた体のにおいは、ハチミツや、古い木にたとえられる。

ヨザルのパパは、
子ザルをおんぶして…

いっしょに
遊んで…

子守りは、パパにおまかせ

ヨザルは、子どもの世話はほとんどパパがする。ママはおっぱいを飲ませ終わると、すぐに子ザルをパパにあずける。ヨザルにとって、パパが育児をするのは当たり前なのだ。オスがこんなに子どもの世話をするのは、サルの仲間ではかなりめずらしい。

毛づくろいを
して…

おいしい果実の
見つけ方を教える。

夜だよ、おはよう！

夜の森にひびく鳴き声

夜行性のサルは、ヨザルの仲間だけ。フクロウのように大きく丸い目は、昼間と同じように、あたりが見えるから、夜の森の中を自由に動きまわれる。ヨザルの鳴き声もフクロウに似ている。ホーホーという声は森の中にひびきわたり、自分のなわばりを知らせる。朝日がのぼると、ヨザル一家は木の穴に入って眠る。

ヨザルの仲間は11種。みんな南アメリカにすんでいる。体の大きさはリスくらいだよ。

ヨザル

夜の方が安全

人間の世界では、暗い夜の方があぶないけれど、ヨザルのような小さなサルにとっては、ワシやタカが狩りをする昼間の方があぶない。ヨザルが夜行性になったのは、昼間に狩りをする敵から、のがれるためかもしれない。昼間に活動するほかのサルと、食べものをうばい合うのをさけるためともいわれている。

43

子育ては、だいじな仕事

「子育ては、たいへん」と、人間の親はみんないいます。きっと昆虫も、そう思っているはずです。だから、ほとんどの昆虫は、卵を産んだらそれっきりで、幼虫のすがたを見ることはないのでしょうか？
いえいえ、中には、一生けんめい子育てをする昆虫もいるのです。

ママは命がけ

英語で「ペアレント・バグ（親の虫という意味）」というカメムシは、卵や幼虫を大切に守るめずらしい昆虫だ。メスは葉っぱの裏に小さな卵をたくさん産むと、大切な卵がかえるまで、何日もの間、その上におおいかぶさっている。その卵に、さらに自分の卵を産んで寄生させようとするハチから守るためだ。

これまでに発見された昆虫は100万種以上いるけれど、子どもの世話をするものは1％しかいないんだって。

ペアレント・バグ
（ツノカメムシの1種）

ママがそばにいれば安心

ところで、このカメムシのオスはどこにいるの？
メスよりも体がずっと小さいオスは、交尾をして子孫を残す役目を果たすと、まもなく死んでしまう。
メスは、卵がかえったあとも数週間、大切な幼虫のそばにとどまって、成長を見守るのだ。

子育ては、だいじな仕事

ずっと、お世話します

ハサミムシは、尾の先にある変わった形の「はさみ」が特徴だけれど、子育てのしかたも、とてもユニークだ。メスは、土の中の巣を守るだけでなく、卵がちゃんと育つように、いつも卵をなめて、きれいにしてあげる。

モグラが土をほじくりかえしたりして、卵があちこちにちらばってしまっても、またきちんと卵を集めて、世話をつづけるのだ。

ハサミムシ

さあ、ごはんですよ

卵からかえっても、ハサミムシの幼虫は巣から出ていかない。地上に出かけた母親が、腐りかけた葉や草や、動物の肉のかけらを持ってきてくれるからだ。

ときには、母親が食べて少しだけ消化したものも、吐きもどして食べさせてくれる。

ハト

ハトのヒナが、小さなくちばしを親鳥のくちばしに押しこむようすがよく見られる。いったい何をしているんだろう？

じつはこれ、ミルクをもらっているのだ！

ヒナにミルクをあたえる鳥はハトしかいない。ハトは、メスもオスも、嗉嚢という消化器官から、鳩乳という白っぽい栄養液を出せるのだ。

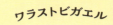
ワラストビガエル

わたしの足はパラシュート

ワラストビガエルは、熱帯雨林の高い木々の間をさっそうと飛んでいく。このカエルの足には、指の間に大きく広がる膜のような皮ふがあるのだ。木からジャンプして、足の指を大きく開くと、パラシュートが4つ広がるようになる。そして、空気をうまくとらえて、すべるように空を飛ぶのだ。

パラダイストビヘビ

パラダイストビヘビは、この方法で20mも飛べるんだって！

空中をくねくねと飛ぶ

パラダイストビヘビは、翼も、飛ぶための膜もないのに、木から木へ飛びうつることができる。
スルスルと枝のはしまでやってくると、ジャンプする。そして、体をリボンのように平べったくして、S字型にくねらせながら、まるで空中を泳ぐように飛ぶのだ。

高く、遠くへ、飛べ！

翼がないからといって、空を飛べないとはかぎりません。熱帯の森には、木から木へと飛びうつるトカゲも、カエルも、ヘビもいます。もちろん、魚だって負けてはいません。

波の上を飛ぶ魚

魚が波の上を飛んでいるのを見たら、これは夢かなと思うかもしれない。トビウオは、その名のとおり、海面を飛ぶ。マグロなどの敵からのがれるために、尾をすばやくふってジャンプし、いきおいよく海から飛び出す。そして、大きな胸びれを広げると、空中を45秒間、300m以上、飛びつづけることができるのだ。
(『食われてたまるか編』p56-57)

トビトカゲ

トビウオ

マントのように「翼」を広げて

木の上にすんでいるトビトカゲは、高いところはお手のもの。だから敵におそわれても、いちいち木をおりて、ほかの木ににげたりしない。空を飛んで、すばやくとなりの木にうつるのだ。
体の左右にある大きな膜を広げると、まるで翼のようになる！

47

やっぱり、地面の上がいちばん

フンフン、フンフン——草むらで音を立てているのはだれ？　ハリネズミかな？　ニュージーランドでは、それはコウモリかもしれません。ここには、世界中でいちばん飛ぶことの少ないコウモリがいるのです。

コウモリなのに、といわれても

ほ乳類の中で、本当の鳥のように羽ばたいて飛べるのはコウモリだけだ。そして、コウモリは、その能力をぞんぶんに使っている。原生林にすむツギホコウモリも、飛べるけれど、飛ぶのがあまり好きではないらしい。森の地面をはい回って、コオロギなどの昆虫や、木から落ちた果実や種を食べる方がお好みのようだ。

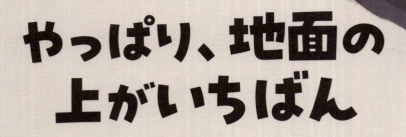

ツギホコウモリは、ウッドローズという植物のミツをなめるのが大好き。ウッドローズは、見た目が木の皮でできているようなふしぎな植物だよ。

食べもののガを追いかけるときは、地面近くを飛びまわるよ。夜が明けるころになると、古い木のねぐらに飛んでいく。

ツギホコウモリは落ち葉の山に鼻先をつっこんで、甲虫やイモムシをつかまえるよ。

イワキツツキ

南アフリカにすむイワキツツキは、体が灰色で、お腹のあたりが少し赤い30cmほどの鳥だ。キツツキとしてはめずらしく、森ではなく、岩が多い場所にすんでいて、岩から岩へとはねまわっている。主食はアリだ。イワキツツキは、小さい群れをつくって、仲間と大きな鳴き声をかわしながら、丘の斜面を行ったり来たりしている。

やっぱり、地面の上がいちばん

ちょっと変な歩き方

翼は、歩くのには向いていない。だからツギホコウモリは、翼がじゃまにならないように折りたたんで、手首を足のように地面につけて歩くという器用な技を身につけた。おかしな歩き方だけれど、そうするとうまく進める。後ろ足も歩くのに使うから、天井からぶらさがるときにしか使わない、ほかのコウモリの後ろ足よりも、ずっとたくましい。

コウモリのことを、ニュージーランドのマオリ語では「ペカペカ」というよ。今、ニュージーランドには2種のコウモリしかいない。

ツギホコウモリ

このコウモリの食事を見ていると、地面の上で植物を食べている時間が40％、残りの時間は、地面の上か空中で昆虫をさがしまわっているよ。

コウモリを守れ！

コウモリなのに、なぜ空を飛ばず、地面をはい回るのだろう？
もともとニュージーランドには、コウモリの敵になる動物やヘビがいなかった。だからコウモリは、何百万年もの間、安心して地上で食べものをさがせたのだ。でも、人間がオコジョやネコ、ネズミを連れてきたので、歩くコウモリはかんたんにつかまって食べられてしまうようになった。今は、肉食動物がいない区域をつくって、コウモリを守っている。

飛べない鳥たち

鳥は、とても楽に飛んでいるように見えます。でも、じつは、ずっと空中にいつづけるため、スポーツ選手のように、はげしい運動をしているのです。飛ぶためには大きな胸の筋肉が必要です。エネルギーもたくさん使います。そう考えると、飛ぶのをあきらめた鳥がいるのも、ふしぎではありませんね。

翼は水かき！

南アメリカ大陸の南のはてに、まわりに何もない、岩だらけの海岸がある。ここにすむフナガモの仲間は、ダチョウやエミューと同じく、はるか昔に飛ぶ力を失った鳥だ。ずんぐりした翼で水をかき、大量の水しぶきをあげながら海面を進むのを見たら、ケガをしているのかと思うかもしれない。そのすがたが、パドル・スチーマーという、側面に車輪がついた船（外輪船）に似ているので、英語で「スチーマーダック」とよばれている。

飛べなくても幸せ

このカモは、どこか別の場所へ飛んでいけない。水にもぐってカサガイなどの貝やカニを食べながら、海藻だらけの小さな海岸で一生をすごすのだ。

体はぽっちゃりしていて、カモの仲間ではもっとも体重が重い。親ガモは、ほかの動物からヒナをしっかり守る。いたずら好きのペンギンや、まるまる太ったアザラシがヒナに近づくと、おこって追いはらう。

飛べない鳥たち

カグー

1つの「科」の分類に、1種だけしかいない鳥がいる。ほかのどんな鳥にも似ていないということだ。
ほとんど空を飛べないカグーは、そんな1種で1科の鳥だ。太平洋に浮かぶニューカレドニア諸島にすむカグーは、足はサギ、体はニワトリ、頭はハトのように見える。オスとメスが出会うと、頭の上の長い羽をパンクヘアみたいに逆立てて、相手にアピールする。

タカヘはこわそうに見えるけれど、肉食ではなく、草や種を食べるよ。なんと1日のうち19時間も食べているんだって！

飛ぶのをやめたら、巨大になった

ニュージーランドのタカヘという鳥は、飛ぶのをあきらめて、巨大な体になった。くちばしがとても大きく、カラフルで、恐竜のようなすがたをしている。世界中の公園の池や、湿地で見ることができる、同じクイナ科のバンやオオバンよりも、タカヘの方がずっと体が重い。ずんぐりした短い翼は、丘をよじ登るときに役に立つ。じょうぶな足をしていて、走るのも得意だ。

絶滅してなかった！

長い間、タカヘは絶滅したと思われていた。でも、1948年にニュージーランド南島のマーチソン山脈の人里はなれた山奥で、小さな群れが見つかったのだ。この発見は大きな話題となり、大がかりな保全活動が始まった。野生のタカヘを増やすため、人の手で繁殖させたあと、新たな生息地に放しているのだ。今では、タカヘの数は500羽近くまで増えている。

ニホンザル

いい湯だなあ～

ニホンザルは、野生のサルではもっとも北にすんでいる。きびしい冬を乗りきれるように体が厚い毛でおおわれているのが特徴だ。それでも、こごえるような寒さに耐えるのは、たいへんなのだろう。ニホンザルのなかには、寒さに負けないように、山奥に自然にわきでる温泉に入るものもいる。温泉の温度は40℃くらい。温泉につかるサルの群れは、おふろでのんびりくつろいでいるように見える。

なんで、水の中にいるの!?

「ん!?」——水の中にいるのが、なんだかふしぎな動物がいます。ときに、動物たちは、わたしたちの想像をはるかにこえた行動をとりますが、みんなそれぞれ、そうする理由があるのです。

ハシリグモの1種

水面の上のハンター

ほとんどのクモは、脚が水にぬれるのを好まない。でも、ヨーロッパにすむ、このハシリグモの仲間は、池の上でくらしている！
オスよりも大きくて力が強いメスは、8本の脚を水面にのせて、獲物がさざなみを立てるのを待つ。水面がゆらぐのを感じると、すべるように進んでいって、昆虫やオタマジャクシ、小さな魚などをつかまえるのだ。水中の獲物をつかまえるときは、20分間ももぐっていられる。

なんで、水の中にいるの!?

泡でにおいがわかる

土の中でくらしているモグラだけれど、じつは少しなら泳ぐことができる。けれど、北アメリカにすむホシバナモグラは、ひんぱんに泳いでいる。
獲物をつかまえる方法もまた独特だ。沼や湿地の水の中で、鼻から空気の泡を出し、それをまた吸い込むことで、獲物のにおいを感じとるのだ。

ホシバナモグラは、鼻の先にある、星の形をしたピンク色の突起をピクピク動かして、獲物のにおいを感じとるよ。

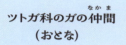

ツトガ科のガの仲間（おとな）

ホシバナモグラ

ツトガ科のガの仲間（幼虫）

幼虫は水の中

ツトガ科のガの仲間には、池の中で生まれるものがいる。メスは、水の中に入ったり、水の底までもぐったりして卵を産む。卵からかえった幼虫は、えらや皮ふで呼吸したり、葉っぱについた空気の泡を取りこんだりして、水の中でくらす。数か月後には、おとなのガになって、地上に出てくる。

53

魚だって、陸に出たい

魚は、えらがあるので、水中で呼吸ができます。それが魚というものですが、中には、水面の上や、地上にあがって呼吸できるめずらしい魚もいます。水の中でも、外の世界でもくらせるなんて、いいですね！

水の中でも、水の外でも

雷魚という名前で知られるカムルチーは、まわりの環境に合わせて生きるのが得意な魚だ。いつもは、水中でえらを使って呼吸している。でも、「上鰓器官」という特別な呼吸器官も持っているので、水面から陸地の空気を吸って、呼吸することもできる。だから、よごれてどんよりにごった川や沼のように、水中に酸素が少ない状況になっても、呼吸ができなくなるおそれはない。

くねくねと地面を進め！

カムルチーの子どもは、陸に上がってくることがある。体をくねらせて進む様子を見たら、ちょっとびっくりするかもしれない。生まれた場所から別の川や沼に移動するとちゅうで、体がかわいてしまわないように、体の表面はネバネバの液体でおおわれている。そして、たいていはすずしい夜の間に移動するのだ。

カムルチーの子どもは、軽快に泥の上を移動していく。長い体をくねくねさせながら、アルファベットの「C」の形にして進むよ。

頭としっぽを右に動かすと、ほら、「C」になるよ。

魚だって、陸に出たい

カムルチーは、水の外で4日間も生きていられる！

魚のゴジラ

ヘビのような頭をしたカムルチーは、歯がぎっしりならぶ、どうもうな肉食魚だ。すさまじい食欲で、獲物をおそう。もともとすんでいる中国などの東アジア地域なら問題はない。ところが、北アメリカにもすむようになったから、こまったことになった。さまざまな野生の生きものを食べまくるので、「魚のゴジラ」とよばれている。

カムルチー

ハイギョ

ハイギョ（肺魚）は、約4億年前の祖先とほとんど同じすがたをしている。名前のとおり、空気を呼吸できる肺を持つ魚だ。
さらにすごいのは、沼が干あがると、泥の中にもぐってネバネバの液体で寝袋をつくり、その中で何週間も、何か月も、水が増えるのを待てることだ。昔の科学者は、この変わった生きものは、は虫類か両生類にちがいないと考えていた。

今度は、頭としっぽを左に動かして、反対向きの「C」になるよ。これを、ひたすらくり返すんだ。

55

渚の変な仲間たち

海で泳げるようになるには、時間がかかります。
海水はしょっぱいし、波もある。
苦手な人もいるでしょう。
でも、やってみなければわかりません。
やる気さえあれば、この生きものたちのように……

波とたわむれる、カバ?

カバは英語で「ヒポポタマス」といい、古代ギリシャ語の「ウマ」と「川」という言葉からきている。その名前のとおり、カバはアフリカの川や沼でくらす生きものだから、海の波とたわむれているのを見たら、びっくりするだろう。西アフリカのガボンという国の海岸には、そんなカバがいる。海水浴をするのは、塩と水しぶきで、皮ふにすみついている寄生虫を取るためだろう。もしかしたら、ただ楽しいからかもしれない。

カバ

この海岸には、森からゾウもやってくる! 砂浜をさんぽしたり、やはり海に入ったりもするよ。

足がつかないところは、こわいよう

カバといえば、茶色くにごった水から、大きな頭を少しだけ出して、のんびりしているすがたを思いうかべるだろう。鼻と目と耳が頭の上の方にあるから、体がほとんど水中にしずんでいても息ができ、まわりの様子もわかるのだ。カバは泳げないし、ずっともぐったままでもいられない。だから水の中を進むときは、バレエダンサーがはねるように、いきおいよく水の底をけっている。

渚の変な仲間たち

波乗りする虫

地球は、昆虫の星だ。地球のありとあらゆる場所に、たくさんの、いろいろな昆虫がくらしている。でも、海だけはちがう。なぜなら、昆虫の体は、呼吸のしくみをはじめ、陸上や淡水で生きるようにできているからだ。

陸からはなれた海の沖で一生をすごす昆虫は、5種のウミアメンボしかいない。細い脚で波の上をすべるように進み、水面に浮かぶ小さなものをとって食べる。

ウミアメンボ

プラスチックのおかげ？

ウミアメンボも、卵を産む。でも、海の上でどうやって？

この海ぐらしの達人は、水面に浮かんでいる流木や海鳥の羽などに卵を産みつける。最近では、プラスチックのかけらも使うようになった。海にすむ多くの生きものが、プラスチック汚染に苦しんでいるけれど、ウミアメンボはちゃっかり利用している。

犬かきで泳ぐ、ブタ！？

ブタが、海を犬かきで泳ぐ？
はい、それは本当のこと。カリブ海のバハマという国では、その動画がインターネットで広まって、大人気の観光スポットになった。

かつて、離島で飼われていた数匹のブタが、エサを待ちきれず、運んでくるボートに向かって海に飛びこみ、泳ぐことをおぼえた。その子孫らしい。

57

水の中でも、歩いて進め！

水の中を歩く鳥なんているのでしょうか？
水の底を歩いて進む魚がいたら、おどろきますよね？
もちろん、ほとんどの鳥や魚は、わざわざそんなことしないし、
そもそも、できないのですが……

浮かないように、しっかりと

山の谷間をはげしく流れる川の中には、鳥の食べものになる昆虫がたくさんいる。問題は、そこまで行けるかどうかだ。カワガラスは水ぎわまで進んでくると、そのまま水に入って、水中に消えていく。ツグミと同じくらいの大きさのふっくらとした体が水に浮かないように、するどいかぎづめで石をしっかりとつかむ。そうして、川底にいる獲物をさがすのだ。

ムナジロカワガラス

シーラカンス

深海にすみ、生きた化石といわれるシーラカンスには、自転車の補助輪みたいに出っぱった、ふしぎなひれがある。太くてずんぐりした足のように見えるから、シーラカンスはそれを使って歩くのだと信じられていた。
今では、そのひれを使って泳ぐことがわかっているが、その動きは、なんか魚らしくない。むしろトカゲやワニが歩くときの足の動きに似ているのだ。

ゴーグルつければ、はっきり見える

カワガラスの仲間は、水の流れに負けないように、翼をバタバタ動かしながらもぐる。そのすがたは、まるで水中を飛んでいるかのようだ。目は、水中ゴーグルのように、瞬膜という膜でおおう。鼻は、別の膜で閉じて、水が入らないようにする。羽も、特別な腺からでる油のおかげで、水にぬれることはない。

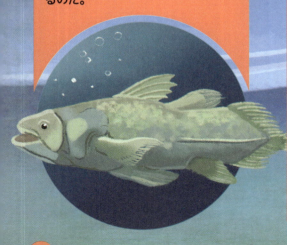

水の中でも、歩いて進め！

海底をおさんぽ

熱帯のサンゴ礁は、さまざまな色とすがたをした魚がすむ場所だ。オニダルマオコゼも、サンゴ礁をすみかにしている。この魚は、体の横についている胸びれを使って、体を持ち上げることができる。まるで腕立てふせをしているようだ！ そうして体を浮かせると、ゆっくりゆっくり砂の上を動いていく。

オニダルマオコゼ

オコゼのトゲ

ムッとしているの？

オニダルマオコゼは、口が「へ」の字の形をしているので、いつもきげんがわるそうに見える。大きく開く口には、するどい歯がならび、目にも止まらぬ速さで獲物にかぶりつく。そのうえ、背びれのトゲから出る毒は、ほかのどんな魚よりも強力だという。だから、まちがって、ふんでしまったらたいへんだ！

59

敵がくるよ！

テッポウエビの仲間は、ハゼという小さな魚と、海底にあるテッポウエビの巣穴で、なかよくくらしている。
ハゼはとても目がいい。敵を見つけると、ひれでそっとつついて、テッポウエビにも知らせ、いっしょにさっと巣穴にかくれる。ハゼは、見はりをするかわりに、すむ場所をかしてもらっているというわけだ。
（『食われてたまるか編』p20-21）

テッポウエビとハゼ

ちょっと変だけど、ふたりは友だち

「なんで、この２匹が！？」——ぜんぜん種類のちがう動物たちが、コンビになって、いっしょにくらしていることがあります。
どうやらなかよくすると、いいことがあるようですよ！

土でできた、みんなのお城

シロアリは小さな虫だけれど、何十万匹もの大集団でくらすので、巣はとても大きい。
乾燥した土を山のように積み上げた巣は、熱帯の太陽に焼かれてかたくなる。
その巣は、まだシロアリが中でくらしているうちから、いろいろな動物にも利用される。たとえば、オーストラリアのシラオラケットカワセミは、シロアリの巣に穴をほって、自分の巣をつくる。

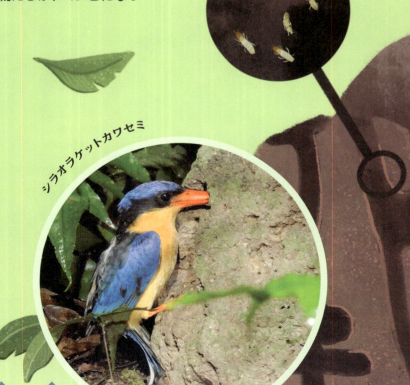

シロアリ

シラオラケットカワセミ

ちょっと変だけど、ふたりは友だち

ムカシトカゲ

ムカシトカゲは、トカゲの仲間じゃないよ。ムカシトカゲと同じグループのほかの仲間は、恐竜とともに絶滅してしまったんだ。

こまったルームメイト

島には巣穴になる場所がそんなにないから、ほかの動物といっしょにすむのは、しょうがないのだろうか。ニュージーランドにすむ、は虫類のムカシトカゲは、ヒメクジラドリという海鳥の巣におじゃまする。でも、ムカシトカゲばかりが得をするようだ。ムカシトカゲは巣穴の中であたたかくすごし、ヒメクジラドリの卵やヒナを食べてしまうこともある。かわいそうな、ヒメクジラドリ……。

コビトマングース

かくれ家で、おやすみなさい

ワシやタカ、それに毒ヘビ。アフリカのコビトマングースには、たくさんの敵がいる。見はり役が危険に気づいて、大きな声で鳴いて知らせると、群れはいっせいに身をかくす。
シロアリの巣は、かくれるのにうってつけの場所だ。コビトマングースは、シロアリの巣をねぐらにも使う。大きな巣なら、10匹以上ねることができる。

61

ナマケモノとガの
ふしぎな関係

動物の体の表面に、たくさんの生きものがすんでいることがあります。人間だったら、ちょっとごえんりょねがいたいところですが、その動物たちにとっては、すむ方も、すまれる方も、いいことがあります。体そのものが、ひとつの生態系なのです。

動く、みんなのすみか

ゆっくりゆっくり動くミユビナマケモノは、中央アメリカや南アメリカの熱帯雨林の高い木にすむ、ほ乳類だ。そのぼさぼさした毛の中には、いろいろな生きものがいる。毛だらけの体が、ひとつの生態系になっているのだ。毛には光合成をする藻類やカビが生え、数種のがもすんでいる。このナマケモノガというがは、ナマケモノの体にしかすめない。毛についている、わずかな水分と栄養で生きているのだ。

2. ナマケモノガのメスが、ナマケモノの体をはなれて、新しいフンに卵を産みつける。

3. 卵がかえると幼虫はフンを食べ、さなぎになり、やがておとなのガになる。

めんどうだけど、トイレに行こうか

ナマケモノは、だいたい週に1度、地面におりてフンをする。地上には敵がいて危険なのに、なぜトイレのために、わざわざ木をのぼりおりするのだろうか？ その理由は、まだはっきりとわかっていないが、どうやら、体にすむナマケモノガが、ナマケモノのフンに卵を産むことと関係しているらしい。地上でフンをすると、ナマケモノガにも、ナマケモノにも、きっと何かいいことがあるのだ……

1. ナマケモノは、毎週、木の根元に穴をほってフンをする。

ナマケモノとガのふしぎな関係

たがいに、いいことがある

ナマケモノガの一生は、ナマケモノにたよっている。子どものころはフンを食べて育ち、おとなになると毛の中でくらす。そのお返しにナマケモノガは、地面のフンの中にある栄養分をナマケモノの毛に運んでくると考えられている。おかげで藻類はよく育ち、ナマケモノの毛が緑色になって、木々の中で身をかくしやすくなる。そして、その藻類はナマケモノの食べものにもなる。ナマケモノは木の葉も食べるけれど、藻類の方がずっと栄養があるのだ。

ミユビナマケモノ

ナマケモノガ

1匹のミユビナマケモノの体についているナマケモノガを数えたら、なんと120匹もいたというよ。

クジラに張りつくフジツボ

フジツボは、たいていは海岸の岩などに張りついているが、中にはクジラの体に張りついて、いっしょに海を旅しているものがいる。クジラの厚い皮ふだけにくっつくフジツボの仲間がいるのだ。
1頭のコククジラの頭と背中に、合わせて150kgものフジツボがついていることもある！

63

ネズミの女王さま

アフリカにすむハダカデバネズミは、ふしぎさにあふれています！
見た目も、くらしかたも、いろいろ変わっているところはあるのですが、
なんといっても一番は、「女王」がいることでしょう。

女王ネズミ

ハダカデバネズミは、大きい群れだと300匹にもなる。群れの中心は、子どもを産む、ただ1匹のメス——そう、女王ネズミだ。そのほかに、トンネルをほったり食べものをさがしたりする働きネズミや、群れを守る兵隊ネズミがいる。女王が死ぬと、ほかのメスたちは新しい女王になるために命がけで戦う。アリやシロアリ、ミツバチなどに見られる、この「女王」を中心とした群れでくらす動物は、ほ乳類ではハダカデバネズミしかいない！

トンネルの中の町

ハダカデバネズミは、地下のトンネルの中でくらしている。1つの群れのトンネルは、サッカーグラウンドくらいの広さがある。地下はいつでもあたたかいので、体の毛はいらない。また、においをたよりに進むので、目はほとんど見えず、小さくて黒い点のようだ。トンネルの中を、前にも後ろにも同じくらいの速さで、ちょこちょこと動きまわり、草の根っこや球根などを食べている。

働きネズミ

兵隊ネズミ

ネズミの女王さま

ハダカデバネズミ

生まれたばかりの赤ちゃん

ハダカデバネズミは、口をとじても、くちびるの先から出ている歯がある。この歯を使ってトンネルをほるから、口の中に泥が入ってこないんだよ。

生命力の強さのヒミツ

女王ネズミは、なんと80日に1回、それもたくさんの子どもを産める。1回の出産で27匹という、ほ乳類の最多記録を持っている。
また、ハダカデバネズミはネズミとしては長生きで、30年以上生きることもある。重い病気にかかることもないため、その生命力の強さの秘密をさぐる研究が進められている。

ライオン

大型のネコ類の動物は、繁殖や子育てのときをのぞいて、1匹でくらす。ところが、ライオンだけは、「プライド」とよばれる家族の群れをつくってくらしている。
ライオンは、群れのチームワークによって、シマウマやアフリカスイギュウなどの大型の獲物を狩る。また、なわばりや子どもも群れで守るのだ。

女王ネズミ

65

おそうじ、おねがいします

大きなクモと、小さなカエル

ドットハミングフロッグというカエルは、南アメリカの森の中で、タランチュラというクモといっしょにくらしている。

毛むくじゃらの大きなクモに守られた、この小さなカエルは、クモの食べ残しに集まってくる小さな虫を食べる。そのお礼に、タランチュラの卵をねらうアリも、しっかりつかまえて食べるという。

巣の中は、フンや食べ残しで、すぐにきたなくなります。そして、そのまま、ほおっておくと、病気になったり、寄生虫が増えたりします。巣をきれいにしたいとき、自分でやらず、ほかの動物にそうじをさせる動物たちがいます。

ペルーのタランチュラ

ドットハミングフロッグ

あぶない！でも、だいじょうぶ

世界最大のクモの前に、小さなカエルがいたら、「あ、食べられる！」と、ふつうは思うだろう。でも、タランチュラは、このカエルを食べたりしない。ドットハミングフロッグの皮ふにある化学物質によって、「こいつは、自分の役に立つカエルだ」とわかるのだといわれている。

おそうじ、おねがいします

自分の巣に、ヘビを⁉

アメリカのテキサス州にすむアメリカオオコノハズクというフクロウは、テキサスホソメクラヘビをつかまえて、生きたまま木の上にある自分の巣穴に落とす。
このヘビはとても小さいので、ふわふわのヒナをねらうことはない。巣の中にいるダニなどのめいわくな虫を、せっせと食べてくれるのだ。

アメリカオオコノハズク

テキサスホソメクラヘビは、ヘビというよりミミズのように見える。細くて小さいけれど、自分の頭よりも大きい獲物を飲みこめるよ！

テキサスホソメクラヘビ

害虫たいじも、よろこんで！

テキサスホソメクラヘビは、ふだんは土の中に穴をほって、昆虫の幼虫をさがして食べている。
アメリカオオコノハズクの巣に連れてこられると、今度は、よろこんで巣の中の虫をさがしまわる。巣のヒナも、虫がいなくなるので、元気に成長できる。

67

あれ？ 舌がなんか変だぞ

海の中にすむ、甲殻類の等脚目というグループの多くは寄生生物だ。その中に、魚の舌に寄生するウオノエがいる。魚の舌に血を送る血管をウオノエが切ると、舌はしぼんで、ポロリととれてしまう。舌のあった場所にウオノエがくっつくと……魚はなんとウオノエを舌のように使い出すのだ！ こんなふうに別の動物の体の一部になりかわるものは、地球上のどこをさがしてもほかにいない。

クマノミの舌に寄生するウオノエ

ダルマザメ

ガブリとかじって、にげろ！

ダルマザメは寄生生物のような行動をする。体の大きさはボウリングのピンくらいしかないけれど、ものすごい力で物をかみ切る。夜、ほかの種のサメなど大きな魚に近づいて、体にガブリとかみつく。そして、かみついたまま体を回転させて、肉を食いちぎるのだ。そのあとには、クッキー生地を型で抜いたような直径 5cm ほどの丸いあとがつく。

もはや、寄生どころじゃない

寄生とは、ほかの生きものの体にすみついて、食べものをよこどりしたりすることです。食べものの残りかすぐらいだったらいいのですが、中には、血を吸ったり、体の一部を食べたりする、なんとも不気味で、やっかいな寄生生物がいるのです！

もはや、寄生どころじゃない

ニシオンデンザメは獲物をさがすのに目を使わないから、目に寄生されてもだいじょうぶではあるが……

ヤツメウナギ

あれ？目になんかくっついてるぞ

ニシオンデンザメは、冷たい北極の海をゆっくりと泳ぐ大型のサメだ。なんと400年も生きる。でも、その長い一生のほとんどの間ずっと、目が見えていない。なぜなら、寄生生物に目玉を食べられてしまうからだ！
寄生するのは、大きさが3cmほどのカイアシという甲殻類の一種だ。

魚の吸血鬼

筋肉でできた細長い管の、片方の先っぽに頭がついているのを想像してみよう。ヤツメウナギは、そんなすがたをしている。
この魚にはあごがなく、背骨は軟骨でできている。ひれは、簡単なものがいくつかあるだけだ。でも、口はちょっとすごい。丸く開いた口には、するどい歯が円をえがくようにずらりとならぶ。その歯で大きな魚に食いつき、血を吸うのだ。

ニシオンデンザメの目についたカイアシ

いそうろうは、どろぼうだった…

イソウロウグモは豆つぶぐらいの小さなクモだ。だから、ほかのクモがつくったクモの巣に、気づかれずに入りこめる。そして、すみっこでこっそり待って、巣にかかった虫をいただくのだ。
自分で糸を出して巣をつくらなくてすむし、自分ではとてもつくれない大きい巣だから、獲物もよくかかる。

巣をはるクモ

できるもんなら、つかまえてみな

巣の主のクモに見つかったら、イソウロウグモは殺されてしまうかもしれない。まるで命がけのかくれんぼだ。
だから、イソウロウグモは、さっとかくれられるように、大きなクモの巣のとなりに自分の小さい巣をつくっておくことがある。そうすれば、すこしは安心して、動きまわることができるだろう。

見逃してやろうかな？

大きい巣の主のクモとすれば、獲物をぬすまれるわ、巣の糸を切られたり、食べられたりするわで、いいことはない。でも、イソウロウグモが横どりする昆虫は、たいていは小さくて、どうでもいいようなものだ。巣の主のクモは、じつは見逃してやっているのかもしれない。

アメリカジョロウグモが、自分でつくったばかりの巣にいるよ。でも、その巣に、イソウロウグモもいることには気づいていない。

アメリカジョロウグモが、巣にかかったモルフォチョウをつかまえる。
イソウロウグモは、そっとチャンスを待つよ。
この獲物は大きすぎるからね！

こら！
食いものどろぼう

イソウロウグモ

イソウロウグモは世界中にいるけれど、特に熱帯地方に多い。英語では、その形から、「露のしずくのクモ（dew-drop spider）」とよばれているよ。

こら！
食いものどろぼう

どろぼうとして生きる道を選んだ、クモたちがいます。自分がつくった巣ではなく、別の種類のクモの巣から、食べものをぬすみとるのです！ぬすむ相手は、自分より体が大きく、牙から毒を出して獲物を殺す危険なクモたち。食いものどろぼうも、じつは命がけなのです。

ひったくりをする
ハエ

このベンガルバエ属のハエは、どろぼうというより、ひったくりだ。新しい巣に引っ越しをしているさいちゅうのアリを、いきなりおそう。列になって歩いているアリたちから、卵や、幼虫、さなぎをうばいとって食べる。
そんなときをねらうなんて、なんともずるがしこい。

こんどはハエが巣にかかったよ。
巣の主はチョウを食べるので
いそがしいから、今がチャンス！
こっそりいただきます！

こら！
食いものどろぼう

親でなくても、子は育つ

カッコウという鳥は、自分の卵をほかの鳥の巣に産んで、そのまま育てさせることで有名です。このように、子育てというたいへんな仕事を、ほかの動物にさせることを「育児寄生」といいます。育児寄生をする動物が「カッコウ○○」と名づけられるのは、そのためです。

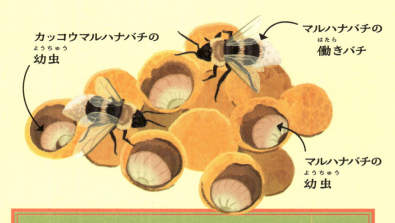

カッコウマルハナバチの幼虫
マルハナバチの働きバチ
マルハナバチの幼虫

女王さまはニセモノ

カッコウマルハナバチのメスは、すがたもにおいも、別のマルハナバチの女王バチとそっくりだ。だから、その別のマルハナバチの巣に、正体がばれずに入りこめる。そうして巣を乗っとり、たいていは本物の女王バチを刺し殺してしまう。そのあと、自分の卵をその巣に産みつけて、働きバチに育てさせるのだ。

カッコウマルハナバチの後ろ脚には、花粉を運ぶ「ふくろ」がついていないよ。だって、別の種のハチが運んでくれるからね。

乗っとり計画はしんちょうに

巣の乗っとり計画は、じゅうぶんに注意しなければならない。女王になりすますカッコウマルハナバチのメスは、自分にちょうどいい大きさの巣を選ぶ。働きバチの数が多すぎると、反抗されて自分がやられてしまうおそれがある。逆に、働きバチが少なすぎると、自分の卵や幼虫の世話をちゃんとしてもらえない。

カッコウマルハナバチ

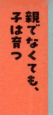

親でなくても、子は育つ

カッコウのカモ？

育児寄生をする鳥は約100種。世界には1万1000種以上の鳥がいるから、やっぱり、育児寄生する鳥はかなりめずらしい。カモの仲間で育児寄生をするのは、南アメリカにすむズグロガモしかいない。ズグロガモのメスは、ほかのカモやカモメなどの水鳥の巣に、こっそりと卵を産む。

チャガシラカモメ / カモのヒナ / カモメのヒナ

あとは、この子をお願いします

ズグロガモのメスは、卵を産むと、さっさといなくなる。卵を産み落とされた巣の主は、ズグロガモの卵を、自分の卵といっしょに温める。卵からかえったズグロガモのヒナは、まもなく自分だけで生きられるようになり、育ての家族の巣から飛び立っていく。あたりまえのことだが、育児寄生で生まれた子どもはみな、本当のお母さんに会うことはない。

ズグロガモ

カッコウナマズ

アフリカにすむ熱帯魚であるシクリッドの仲間には、卵や赤ちゃんを口の中で育てるものが多い。このことをうまく利用しているのが、カッコウナマズだ。カッコウナマズのペアは、卵を産もうとしているシクリッドのペアを見つけると、同じタイミングと場所で産卵し、卵に受精する。そうするとシクリッドのメスは、自分の卵といっしょに、カッコウナマズの卵も口の中に吸いこみ、育てていくのだ！

シクリッド

カモノハシ

毒のキック！
カモノハシは、くちばしを持ち、卵を産む、めずらしいほ乳類だ。そのうえ、毒で敵を攻撃することもある。オスの後ろ足には、かかと近くに角のようなつめがある。キックをするとき、このつめから毒が出るのだ！ この毒にやられると、何百匹ものスズメバチにさされたみたいに痛いという。キックをするのは、たいていはオスどうしが戦うときだ。

ミカンアシナシイモリ

毒で、敵をやっつける

毒には、2つの使いかたがあります。ひとつは、身を守るための「防ぎょの毒」です。その動物の体をさわったり、食べたりしなければ、毒を受けることはありません。もうひとつは、別の動物を針でさしたり、牙でかんだりする「攻撃の毒」です。ここでは、攻撃の毒を使う動物を紹介しましょう。

毒の二刀流
このアシナシイモリの仲間は、じつは両生類だ。大きなミミズのようなすがたで、その名のとおり足がない。目はほとんど見えず、土の中に穴をほる。
そして、しっぽには身を守るための毒が、口の中には攻撃のための毒があるのだ。攻撃用の毒を持つ両生類はとてもめずらしい。

毒で、敵をやっつける

ジャワスローロリス

口の中で、毒をつくる

人間やサルなどの霊長類の中で、攻撃用の毒を持つのはジャワスローロリスだけだ。かわいくてギュッと抱きしめたくなるようなすがたをしているけれど、わきの下からおそろしい毒の原液を出す。ジャワスローロリスは、その液を口の中で唾液とまぜて、動物の体が腐ってしまうほど強力な毒をつくりだすのだ。ただ、この毒を使うのは、仲間どうしで戦うときだ。

ブルーノイシアタマガエル

キスされたら死んじゃう

皮ふの毒で身を守るカエルはたくさんいるけれど、攻撃用の毒を使うカエルはいないと、つい最近まで信じられていた。ところが2015年に、ブラジルにすむ2種の小さなカエルが、口のまわりにあるかたいトゲに攻撃用の毒を持つことがわかった。このうちの1種であるブルーノイシアタマガエルの毒は、わずか1gで80人もの人間を殺せるくらい強力だ。

毒で、わが身を守る

ヤドクガエル

身を守るために毒を使う鳥は、片手で数えられるほどしかいません。最初に発見されたのは、ニューギニア島とその近くの島々にすむズグロモリモズです。でも、地元の人たちは、昔からそのことを知っていました。

さわるなよ！

ズグロモリモズには、ちょっかいを出さない方がいい。この鳥の羽と皮ふには、南アメリカにすむヤドクガエルと同じ毒が、たっぷりふくまれているからだ。この毒の成分はバトラコトキシン（BTX）という猛毒だ。この毒にやられると、筋肉がまひして動けなくなり、心臓発作をおこして死ぬこともある。

毒を食べる

ズグロモリモズは、毒のあるものを食べて、体の中に毒をたくわえる。なぜこの鳥が毒を持つようになったのかは、わかっていない。もし敵を遠ざけるためなら、オレンジ色と黒の目立つ体は、「自分は危険だ」と知らせるサインなのかもしれない。ズグロモリモズのまわりにすむ、同じような体の色をした鳥たちは、敵におそわれないように、ズグロモリモズと似たすがたに進化したのかもしれない。

ズグロモリモズの主食は果実だよ。いつも森の中で、新鮮な果実をさがしている。

青色と黄色に光る甲虫もパクリ。この甲虫の毒は、とても役に立つんだ。

ガーターヘビの一種

ほとんどの毒ヘビは、攻撃のために毒を使う。身を守るために毒を使うヘビは、じつはあまりいない。そんな数少ないヘビのひとつが、カナダとアメリカにすむガーターヘビの一種だ。このヘビは、毒のあるイモリを食べて体に毒をたくわえる。

毒で、わが身を守る

ニューギニア島には、毒を持つ鳥がもう1種いることがわかっている。ズアオチメドリというんだ。さがせば、まだほかにもいるかもしれないよ。

ズグロモリモズ

手痛い教訓

1990年、ニューギニア島を調査していたチームの科学者のひとりが、ズグロモリモズを調べようと、1羽をつかまえたら、手がやけどをしたように痛くなった。この鳥の毒のおそろしさを、身をもって体験したのだ。地元の人たちがズグロモリモズを「ろくでもない鳥」とよぶのには、ちゃんと理由があった！

さくいん

あ
アイアイ 23
アオイガイ 16
アカアシカツオドリ 29
アカシア 30
アシナシイモリ 74
アナホリフクロウ 13
アビシニアコロブス 23
アブラヨタカ 38
アフリカスイギュウ 65
アベコベガエル 19
アマゾン川 15,35
アメリカオオコノハズク 67
アメリカジョロウグモ 70
アメリカドクトカゲ 6
アリ 30,41,48,64,66,71
アルビノ 25

い
イグアナ 8
育児寄生 72-73
イソウロウグモ 70-71
イソギンチャク 7
イッカク 7
イリエワニ 14
イワキツツキ 48
インドハナガエル 12-13

う
ウーパールーパー 18-19
ウオノエ 68
ウォルフ島 29
ウシザメ 15
ウチワシュモクザメ 31
ウッドローズ 48
ウミアメンボ 57
ウミイグアナ 8,10
ウミウシ 21
ウミヘビ 6
うんち 27

え・お
エコーロケーション 38-39
エボシドリ 24-25
オウム 27,42
オオカミ 26,33,34
オオバン 51
オオメジロザメ 15
オオヤモリ 37
オタマジャクシ 13,19,52
オニダルマオコゼ 59
温帯雨林 11,25

か
ガ 7,36,48,53,62-63
ガーターヘビ 76
カイアシ 69
カエル 12-13,19,32,46,66,75
カオグロキノボリカンガルー 9
カカポ 42
カグー 51
カサガイ 50
果実食動物 34
カツオドリ 29
カッコウ 72
カッコウナマズ 73
カッコウマルハナバチ 72
果糖 40
カニダマシ 7
カバ 56
カプター山 8
ガボン 56
カムルチー 54-55
カメムシ 44
カモノハシ 6,74
ガラパゴスペンギン 10
ガラパゴス諸島 8,10,29
カワガラス 58
カンガルー 8-9

き・く・け
寄生生物 68-69
キツツキ 48
キツネザル 23
キボシサンショウウオ 20
キマユペンギン 11
吸血フィンチ 29
恐竜 14,51,61
キンモグラ 9
クイナ 51
クジラ 7,36,63
クマ 22,25,33
クマノミ 68
クモ 30,52,66,70-71
ケア 27

こ
甲殻類 68-69
光合成 20-21,62
甲虫 23,48,76
コウモリ 29,31,38,48-49
コオロギ 48
コククジラ 63
ココナツ 35
コビトマングース 61
コモドオオトカゲ 6
コロニー 11

さ・し
サケ 32
サソリ 26
サバンナ 34
サメ 15,30-31,68-69
サンショウウオ 18,20
シーラカンス 58
シクリッド 73
シマテンレック 37
シマフクロウ 32-33
ジャワスローロリス 75
瞬膜 58
上鰓器官 54

触手 7
シラオラケットカワセミ 60
シロアメリカグマ 25
シロアリ 13,60-61,64

す・せ・そ
ズアオチメドリ 77
ズグロガモ 73
ズグロモリモズ 76-77
スズメバチ 40-41,74
スチーマーダック 50
スッポン 16
スナドリネコ 33
スマトラサイ 36
生態系 62
ゾウ 56
ゾウガメ 10
藻類 20-21,24,62-63,
嗉嚢 45
ソルティ 14

た・ち
タカ 7,38,43,61
タカヘ 51
タコ 16
ダチョウ 50
タテガミオオカミ 34
タランチュラ 66
ダルマザメ 68
タワキ 11
チスイコウモリ 29
チャガシラカモメ 73
チョウ 70-71

つ
ツギホコウモリ 48-49
ツグミ 58
ツトガ 53
ツノカメムシ 44
ツバメ 38
ツラコバジン 25
ツラシン 25

て・と
テキサスホソメクラヘビ 67
テッポウエビ 60
テングモウミウシ 21
テンレック 9,37
等脚目(とうきゃくもく) 68
冬眠(とうみん) 7
トカゲ 6,8,18,31,47,58,61
トゲスッポン 16
トッケイ 37
ドットハミングフロッグ 66
トビウオ 47
トビトカゲ 47

な行
ナマケモノ 62-63
ナマケモノガ 62-63
ナメクジ 8
ニシオンデンザメ 69
ニホンザル 52
ニューカレドニア諸島(しょとう) 51
ニューギニア島 9,76-77
ネズミ 26,32,34,39,49,64-65

は
バイカルアザラシ 15
バイカル湖 15
ハイギョ(肺魚)(はいぎょ) 55
バギーラ・キプリンギ 30
ハゲワシ 28
ハサミムシ 45
ハシリグモ 52
ハゼ 60
ハダカデバネズミ 64-65
ハチ 26,40,44,72
ハチミツ 40,42
バッタネズミ 26
ハト 24,45,51
鳩乳 45
ハニー・ワスプ 40-41
ハネジネズミ 9
パラダイストビヘビ 46
ハリネズミ 6,37,48
ハリモグラ 6
バン 51
パンダ 22

ひ
ヒグマ 22
ヒゲワシ 28
ヒツジ 21,27
ヒメアルマジロ 17
ヒメクジラドリ 61
ピラニア 35
ピラプタンガ 35

ふ・へ・ほ
プアーウィルヨタカ 7
フクロウ 13,32-33,38,43,67
フクロウオウム 42
フジツボ 63
ブタ 13,29,57
ブドウ糖(とう) 40
フナガモ 50
プライド 65
プラスチック 57
フラミンゴ 10,24
ブルーノイシアタマガエル 75
プレーリードッグ 13
糞虫(ふんちゅう) 27
ペアレント・バグ 44
ペカペカ 49
ヘビ 6,46,67,76
ベンガルバエ 71
ペンギン 10-11,50
変態(へんたい) 18
ホシバナモグラ 53
ホッキョクグマ 25
ホホジロザメ 15

ま・み
マダガスカル 9,23,37
マルハナバチ 72
ミカンアシナシイモリ 74
ミツアリ 41
ミツバチ 40-41,64
ミツロウ 41
ミノガ 7
ミノムシ 7
ミミズ 18,67,74
ミヤマオウム 27
ミユビナマケモノ 62-63

む・め・も
ムカシトカゲ 61
ムナジロカワガラス 58
メキシカン・ハニー・ワスプ 40
メキシカンテトラ 39
メキシコサンショウウオ 18
メキシコドクトカゲ 6
メンガタスズメ 36
モグラ 12,45,53
モルフォチョウ 70
門歯(もんし) 7,29

や行
ヤシガニ 35
ヤスデ 27
ヤツメウナギ 69
ヤドカリ 7,17,35
ヤドクガエル 76
ヤモリ 37
ヨーロッパトガリネズミ 39
ヨザル 42-43

ら行
ライオン 65
雷魚(らいぎょ) 54
リクガメ 13
レタスウミウシ 21
ロベイラ 34

わ行
ワシ 28,43,61
ワニ 14,58
ワラストビガエル 46

著者・画家

著 ベン・ホアー (Ben Hoare)
科学ライター、エディター。著書に、『うつくしすぎる世界の動物』『うつくしすぎる自然博物』(主婦の友社)などがある。自然に強い関心を持ち、知識を広めることに情熱を注ぐ。

絵 アジア・オーランド (Asia Orlando)
デジタル・アーティスト、イラストレーター、環境保護活動家。書籍、雑誌、商品、ポスターなど、動物と人間、環境の調和をテーマにした作品を手がけている。

監修者・訳者

監修 村田浩一(むらた・こういち)
1952年神戸市生まれ。宮崎大学農学部獣医学科卒業。横浜市立よこはま動物園ズーラシア園長。獣医師として勤務した神戸市立王子動物園時代から、野生動物医学や希少種の繁殖、コウノトリやライチョウの再導入等に関する研究に従事するとともに、動物園で「感じ、知り、学び、そして守る」ことの大切さを知ってもらうための活動をしている。

訳 水野裕紀子(みずの・ゆきこ)
国際基督教大学卒業(生物専攻)。訳書に『動物たちのカラフルコンテスト：世界中の色をあつめたら』『鳥になって感じてみよう』(化学同人)などがある。

79

制作協力 | ACKNOWLEDGEMENTS
せいさくきょうりょく

The publisher would like to thank the following for their kind permission to reproduce their photographs:

(Key: a-above; b-below/bottom; c-centre; f-far; l-left; r-right; t-top)

6 Dreamstime.com: Blagodeyatel (bl). **naturepl.com:** Pascal Kobeh (tc); Bruce Thomson (cr). **7 Alamy Stock Photo:** Ed Brown Wildlife (cr); Jared Hobbs / All Canada Photos (tc); Brian Parker (clb). **naturepl.com:** Eric Baccega (br). **8 Alamy Stock Photo:** Kumar Sriskandan (br). **Getty Images / iStock:** Searsie (cla). **9 Alamy Stock Photo:** Michael & Patricia Fogden / Minden Pictures (tc). **naturepl.com:** Konrad Wothe (cr). **10 Alamy Stock Photo:** Kirk Hewlett (br). **11 naturepl.com:** Mark Carwardine (t). **12-13 Alamy Stock Photo:** Sandesh Kadur / Nature Picture Library. **14 Alamy Stock Photo:** Mike Parry / Minden Pictures (c). **15 Alamy Stock Photo:** Claudio Contreras / Nature Picture Library (c). **16 Alamy Stock Photo:** David Mann (br). **naturepl.com:** Fred Bavendam (tl). **17 Alamy Stock Photo:** Chris Stenger / Buiten-Beeld (clb); Science History Images (tr); Kevin Schafer (c). **Dreamstime.com:** Nopadol Uengbunchoo (crb). **18 Shutterstock.com:** Narek87. **19 Alamy Stock Photo:** Mark Boulton (br). **20 Alamy Stock Photo:** Chris Mattison / Nature Picture Library (t). **21 Alamy Stock Photo:** Beth Watson / Stocktrek Images (b). **Science Photo Library:** L. Newman & A. Flowers (cl). **22 naturepl.com:** Klein & Hubert (t). **23 naturepl.com:** Terry Whittaker (r). **24 Alamy Stock Photo:** Dan Sullivan (cr). **25 naturepl.com:** Richard Du Toit. **26 Alamy Stock Photo:** Jonathan Mbu (Pura Vida Exotics) (tr). **naturepl.com:** Barry Mansell (bl). **27 Dreamstime.com:** Henner Damke (br). **Trond H. Larsen:** (tl). **28 Alamy Stock Photo:** David Tipling Photo Library (r). **29 Alamy Stock Photo:** Tui De Roy / Nature Picture Library (c). **30 Alamy Stock Photo:** Morgan Trimble (t). **31 naturepl.com:** Shane Gross (b). **32-33 Alamy Stock Photo:** Ryohei Moriya / Associated Press. **34 naturepl.com:** Luiz Claudio Marigo (c). **35 Alamy Stock Photo:** Stephen Belcher / Minden Pictures (c). **36 Alamy Stock Photo:** Suzi Eszterhas / Minden Pictures (cr); Survivalphotos (tl). **37 Alamy Stock Photo:** blickwinkel / Teigler (tr); Ch'ien Lee / Minden Pictures (br). **38 Alamy Stock Photo:** David Tipling Photo Library (c). **39 Alamy Stock Photo:** blickwinkel / A. Hartl (c). **40-41 Jason Penney. 40 Alamy Stock Photo:** Valentin Wolf / imageBROKER.com GmbH & Co. KG (bc). **41 Tom Keener:** (cr). **42 Alamy Stock Photo:** Cyril Ruoso / Nature Picture Library (tr). **43 Alamy Stock Photo:** Thomas Marent / Minden Pictures. **44 Alamy Stock Photo:** Richard Revels / Nature Photographers Ltd (b). **45 Alamy Stock Photo:** Larry Doherty (t). **46 Alamy Stock Photo:** Alf Jacob Nilsen (tr); Eng Wah Teo (cl). **47 Alamy Stock Photo:** blickwinkel / AGAMI / V. Legrand (cr); Gabbro (cl). **49 NGA Manu Nature Reserve. 50 Alamy Stock Photo:** Neil Bowman (r). **51 Alamy Stock Photo:** Sebastian Kennerknecht / Minden Pictures (c). **52 Alamy Stock Photo:** amana images inc. (tl); Richard Becker (crb). **53 Alamy Stock Photo:** blickwinkel / H. Bellmann / F. Hecker (bl). **Shutterstock.com:** Agnieszka Bacal (cr). **54-55 Alamy Stock Photo:** blickwinkel / Hartl (t). **56 Alamy Stock Photo:** Stephane Granzotto / Nature Picture Library (b). **57 BluePlanetArchive.com:** Jeremy Stafford-Deitsch (t). **58 Alamy Stock Photo:** Remo Savisaar (c). **59 Alamy Stock Photo:** Daniel Heuclin / Nature Picture Library (crb); VPC Animals Photo (c). **60 Alamy Stock Photo:** cbimages (cra). **naturepl.com:** Dave Watts (br). **61 123RF.com:** feathercollector (cb). **Alamy Stock Photo:** Heather Angel / Natural Visions (tl). **63 Alamy Stock Photo:** Christian Ziegler / Danita Delimont, Agent (cra); Suzi Eszterhas / Minden Pictures (l). **64-65 Science Photo Library:** Gregory Dimijian (t). **65 naturepl.com:** Neil Bromhall (cra). **66 Alamy Stock Photo:** imageBROKER / Emanuele Biggi (c). **67 Alamy Stock Photo:** Jerry and Marcy Monkman / EcoPhotography.com (c); Jared Hobbs / All Canada Photos (cr). **68 Ardea:** Paulo de Oliveira (tr); Paulo Di Oliviera (cl). **69 Alamy Stock Photo:** Franco Banfi / Nature Picture Library (br). **Getty Images / iStock:** Yelena Rodriguez Mena (cl). **70-71 Alamy Stock Photo:** Anton Sorokin (t). **72 Alamy Stock Photo:** Will Watson / Nature Picture Library (b). **73 Dreamstime.com:** Gabriel Rojo (c). **74 Alamy Stock Photo:** D. Parer & E. Parer-Cook / Minden Pictures (tl); Pete Oxford / Minden Pictures (cr). **75 Alamy Stock Photo:** Andrew Walmsley / Nature Picture Library (tl). **Shutterstock.com:** Leonardo Mercon (br). **76 Dreamstime.com:** Dirk Ercken (tl). **77 Alamy Stock Photo:** Daniel Heuclin / Biosphoto

Cover images: Front: **Alamy Stock Photo:** Tui De Roy / Nature Picture Library bl, Kevin Schafer / Minden Pictures br, Paul Bertner / Minden Pictures tl; **Dorling Kindersley:** Asia Orlando 2022 c; **naturepl.com:** Joel Sartore / Photo Ark tr; Back: **Alamy Stock Photo:** Beth Watson / Stocktrek Images br, Juan Carlos Munoz / Nature Picture Library tr, Alf Jacob Nilsen bl; **Dorling Kindersley:** Asia Orlando 2022 c; **naturepl.com:** Shane Gross tl
Cover illustrations(Japanese edition) © Asia Orlando 2023

All other images © Dorling Kindersley

Ben would like to thank
The super-fabulous creative team at DK, who took on my idea for this book and turned it into something special. A huge round of applause to my editor Abi Maxwell, ably assisted by James Mitchem, and to the entire design team – Charlotte Milner, Sonny Flynn, Bettina Myklebust Stovne, and Brandie Tully-Scott. You are the best in the business!

Asia Orlando, you have brought such wit and joy to the book with your gorgeous illustrations. Your work makes the book sing. Thanks too to my lovely agent Gill for being so supportive.

Above all, I want to thank our mind-blowing variety of fellow earthlings. Some of these creatures may be odd, but they are all wonderful, and we're so lucky to share this planet with them.

DK would like to thank
Olivia Stanford for editorial assistance; Polly Goodman for proofreading; Helen Peters for indexing; Sakshi Saluja for picture research; and Roohi Rais for image assistance.